밤의 제왕
수리부엉이

밤의 제왕 수리부엉이

신동만 지음

궁리
KungRee

지은이 서문

고요한 밤의 세계에서 야생동물이 생존하기 위해서는 그들만의 특별한 비법이 필요하다. 가장 중요한 것은 은밀함을 유지하는 것이다. 그래야 호시탐탐 먹이를 노리는 자들을 피할 수 있으니 말이다. 마찬가지로 어둠 속에서 야생동물을 만나기 위해서는 일반적인 방법만으로 되지 않는다. 존재 자체를 드러내지 않은 채 숨을 죽이고 조용히 관찰해야만 한다. 백 번 말해도 지나치지 않다. 하지만 현실에서는 참 어려운 일이다. 그러다 보니 밤의 야생동물을 연구하는 사람도 촬영하는 사람도 많지 않다.

다른 한편에서 생각하면 남들이 가지 않는 길을 가면 힘들긴 해도 새로운 사실을 먼저 그리고 더 많이 볼 수 있긴 하다. 실제로 방송 프로그램은 '누가 새로운 사실을 먼저 방송하느냐'를 두고 매일 게임을 벌인다. 이것은 뉴스에만 한정되지 않는다. 다큐멘터리 또한 남들이 다루지 않는 것을 심층 취재해서 방송할 때 시청자들의 관심을 끌 수 있다. 이때 제작 프로듀서에게 가장 중요한 것은 '사물을 어떤 시선으로 보느냐'이다. 물론 '새로운 볼거리'를 제시하는 의무에서 해방되지는 않는다.

수리부엉이가 가진 새로움은 많다. 거의 다루어지지 않았기 때문에 제대로 만든다면 시청자들의 관심을 끌기에 충분하다. 또한 수리부엉이는 우

리나라에 사는 맹금류 가운데 비교적 큰 새로 사람들의 관심도 높다. 거대한 사냥꾼이 화면 속에서 역동적으로 움직이는 모습은 그 자체로 매력적인 소재이다. 잘만 하면 그야말로 '대박'을 터트릴 수 있는 조건을 두루 갖추고 있다. 하지만 객관적인 제작 조건은 너무나 열악하다. 그 갈림길에서 필자는 수리부엉이에게 큰 발걸음을 내디뎌보기로 마음먹었다. 그리고 결과물이 나오기까지 3년이라는 시간이 필요했다.

흔히 자연 다큐멘터리를 '기다림의 예술'이라고 말한다. 야생동물을 만나는 데 기다림은 필수조건이다. 그러나 기다림만으로 되지 않는 것 또한 자연 다큐멘터리다. 초창기의 자연 다큐멘터리에서는 기다림이 제일 중요한 덕목이었지만 지금은 그 이상의 것을 요구한다. 동물의 다양한 행동을 표현해내기 위해 장비도 갖춰야 한다. 필자는 야행성인 수리부엉이를 촬영하기 위해 망원렌즈는 기본이고 헬리캠, 와이어캠, 초고속 카메라, 초접사 렌즈, 특수조명 등 무수한 장비를 새로 개발하고 접목시켜야 했다.

더불어 야생동물의 행동비밀을 알아내기 위한 치밀한 노력도 필요하다. 일반적인 생태흐름만 보여줘서는 완성도 있는 자연 다큐멘터리가 되지 않는다. 동물의 행동 속에 숨겨진 과학적인 원리도 함께 보여주는, 이름하여 '과학적 자연 다큐멘터리'가 되어야 한다. 쉬운 과정은 아니다.

한 나라의 자연 다큐멘터리 수준은 그 나라의 생물학 수준에 따라 결정된다고 한다. 개별 종에 대한 연구가 일천한 상황이라면 과학적인 자연 다큐멘터리를 제작하는 것은 아주 어려운 작업이 된다. 결국 제작 프로듀서가 관련 서적을 뒤지고 발품을 팔아 토대를 튼튼히 해야 한다. 그래야만 시청자들이 요구하는 수준에 맞출 수 있다. 그런 의미에서 과학적 자연 다큐멘터리를 지향한 〈밤의 제왕 수리부엉이〉는 상당히 진일보한 자연 다큐멘터리라고 감히 생각해본다.

이제 방송을 통해 다 보여주지 못했던 밤의 제왕 수리부엉이에 관한 새로운 이야기를 하고자 한다. 수리부엉이가 우리나라 생태계의 정점에 있음에도 불구하고 수리부엉이에 대한 연구서는 전무한 실정이다. 일부 주관적인 서술이 있긴 하지만 지난 3년간 필자가 발로 뛰면서 밝혀낸 수리부엉이 생태보고서가 야생동물에 관심 있는 분들에게 유익한 자료가 되었으면 한다. 그리고 자라는 아이들에게 우리와 함께 사는 동물 수리부엉이를 제대로 알리는 기회가 되었으면 한다. 조금 욕심을 부리면, 매혹적인 새인 수리부엉이를 좀더 심층적으로 연구하는 데 이 책이 작은 시발점이 되었으면 좋겠다.

밤낮을 가리지 않고 〈밤의 제왕 수리부엉이〉 제작을 위해 애써준 김승민 촬영감독과 촬영보 한태훈 씨, 뒤늦게 메이킹 프로그램을 제작하느라 고생한 나 영 PD와 최기하 촬영감독에게 특별한 고마움을 느낀다. 귀중한 사진을 사용하도록 허락해준 최종인 선생님, 곽호경 선생님, 신현칠 동물구조단장님, 정다미 님께도 감사의 인사를 드린다. 그리고 어려운 여건 속에서도 출판을 허락해준 궁리출판에도 감사를 전한다.

끝으로 수리부엉이 프로그램을 제작한답시고 늘 자연 속에 파묻혀 있을 때도 혼자서 명섭이와 두리를 잘 키워준 사랑하는 아내 김숙경에게 이 책을 바친다.

2009년 1월

신동만

차례

밤의 제왕 수리부엉이를 위하여

"어둠 속에서 뭔가를 노리는 자가 있다. 수리부엉이다. 표적은 토끼……. 순식간에 공격한다. 은밀하게 접근한 수리부엉이는 2미터에 육박하는 거대한 날갯짓과 강력한 발톱으로 토끼를 제압한다. 어둠 속 최고의 사냥꾼 수리부엉이……."

지난 2008년 3월 KBS 1TV에서 방영된 자연 다큐멘터리 〈밤의 제왕 수리부엉이〉의 첫 부분이다. 방송 내용을 서두에 꺼낸 것은 이렇게 시작된 프롤로그에 수리부엉이에 관한 여러 핵심적인 사실이 드러나 있기 때문이다. 주지하다시피 수리부엉이는 밤에 사냥하는 동물 가운데 최고의 포식자다. 우리나라에서뿐 아니라 전 세계적으로도 밤에 수리부엉이를 당할 자는 없다.

올빼미과에 속하는 수리부엉이학명 : *Bubo bubo*, 영명: eagle owl, 천연기념물 324-2호는 몸무게 3~4킬로그램, 키 70센티미터에 달하는 대형 맹금류이다. 야행성 맹금류 중에서 가장 큰 종으로 알려져 있다. 외형적으로도 수리부엉이는 야생의 밤을 호령할 만한 풍채를 갖추었다.

그런데 우리나라에서 볼 수 있는 조류 중 수리부엉이에 필적할 만한 새가 있기는 하다. 바로 검독수리golden eagle, 천연기념물 243호다. 목에 황금빛을 띠고 있는 검독수리는 몸길이 81~89센티미터, 몸무게 약 4.4킬로그램으로 수리부엉이보다 좀더 크다.

호기심 많은 사람들은 '수리부엉이와 검독수리가 한판 싸움을 벌인다면 누가 이길까?' 궁금해할 것이다. '수리eagle' 라는 명칭이 붙은 데서도 알 수 있듯이 둘 다 야생의 대표적인 사냥꾼이다. 객관적으로는 덩치가 더 큰 검독수리가 우세할 것이라고 볼 수 있다. 하지만 이 두 새 중에서 누가 더 강한가를 논하는 데는 여러 조건상 어려움이 따른다. 수리부엉이가 야간에 활동하는 반면, 검독수리는 주간에 활동하기 때문이다. 서로 영역을 다툴 하등의 이유가 없는 것이다. 수리부엉이가 낮 동안 검독수리의 눈에 띄면 공격받을 수 있듯, 밤에 검독수리가 수리부엉이에게 눈에 띄면 공격을 받을 수 있다. 수리부엉이와 검독수리는 서로의 활동 시간대만 다를 뿐 각자의 세계에서 야생을 지배한다.

필자는 몇 년 전 몽골 초원에서 야생동물을 촬영한 적이 있다. 어느 날 코사크여우를 촬영하다가 하늘을 가르는 검독수리를 목격했다. 촬영감독은 텐트에 잠복하고 있고, 필자는 산 위 바위틈에 숨어 주변 동태를 살피고 있었다. 그런데 갑자기 전투기가 하늘을 날면서 내는 소리가 귓가를 스쳐 지나갔다. 깜짝 놀라 자세히 보니 검독수리가 새끼 여우에게 내리꽂고 있는 게 아닌가. 공기를 가르는 소리는 지금껏 야생에서 들어본 것 중 가장 강렬했다. 그 후부터 검독수리의 여우 사냥에 모든 촬영을 집중했다. 이튿날 새벽부터 여우 굴 주변을 지켰다. 만약에 있을지 모를 검독수리의 여우 사냥에 대비하기 위해서였다. 필자의 예상은 적중했다. 날이 밝자 하늘에서 검독수리의 선회비행이 눈에 띄기 시작했다. 그리고 눈 깜짝할 사이에 일이 벌어졌다. 검독수리가 코사크여우 새끼를 덮친 것이다. 물론 카메라는 돌고 있었다. 검독수리는 새끼 여우를 산 채로 낚아채 공중으로 올라갔다. 그리고 이어지는 새끼 여우의 비명소리……. 필자가 촬영한 가장 야생다운 사냥 모습이었다.

우리나라에서는 검독수리를 보는 것이 쉽지 않지만 몽골 초원에서는 두 강자의 먹고 먹히는 관계를 볼 수 있다고 한다. 결국 검독수리는 낮의 지존이고, 수리부엉이는 밤의 제왕이다. 이름에 '수리'가 붙은 것도 바로 이 부엉이의 강한 지배력이 인정되었기 때문이다.

수리부엉이는 어둠 속 최고의 습격자다. 덩치만 크다고 해서 지배자가 되는 것은 아니다. 어둠 속 최고 강자로 살아남기 위해서 수리부엉이는 부단한 노력을 해야 했다. 긴 진화의 과정에서 수리부엉이는 어둠 속에서 생활하며 어둠을 이용할 줄 아는 기술을 터득했다. 바로 한밤중 조용한 시간에 소리 없이 비행할 줄 아는 능력을 개발한 것이다. 최고의 비밀 병기 앞에 밤의 구성원들은 무릎을 꿇었다. 수리부엉이가 나타나면 그 자체가 위엄이다. 지배자 앞에 옴짝달싹 못하고 그 자리에 굳어버린다. 어느 누구도 수리부엉이에게 저항하거나 그 권위에 도전할 엄두를 내지 못한다. 수리부엉이만이 갖고 있는 강력한 힘과 카리스마 그리고 어느 누구도 흉내 낼 수 없는 비밀을 지니고 있기 때문이다.

수리부엉이는 쥐, 비둘기, 꿩과 같은 중소형 동물은 물론이고, 토끼, 고라니 새끼, 너구리 새끼와 같은 비교적 큰 동물들도 손쉽게 사냥한다. 사는 지역에 따라 먹이 양상이 조금씩 다를 뿐 웬만한 크기의 모든 동물은 수리부

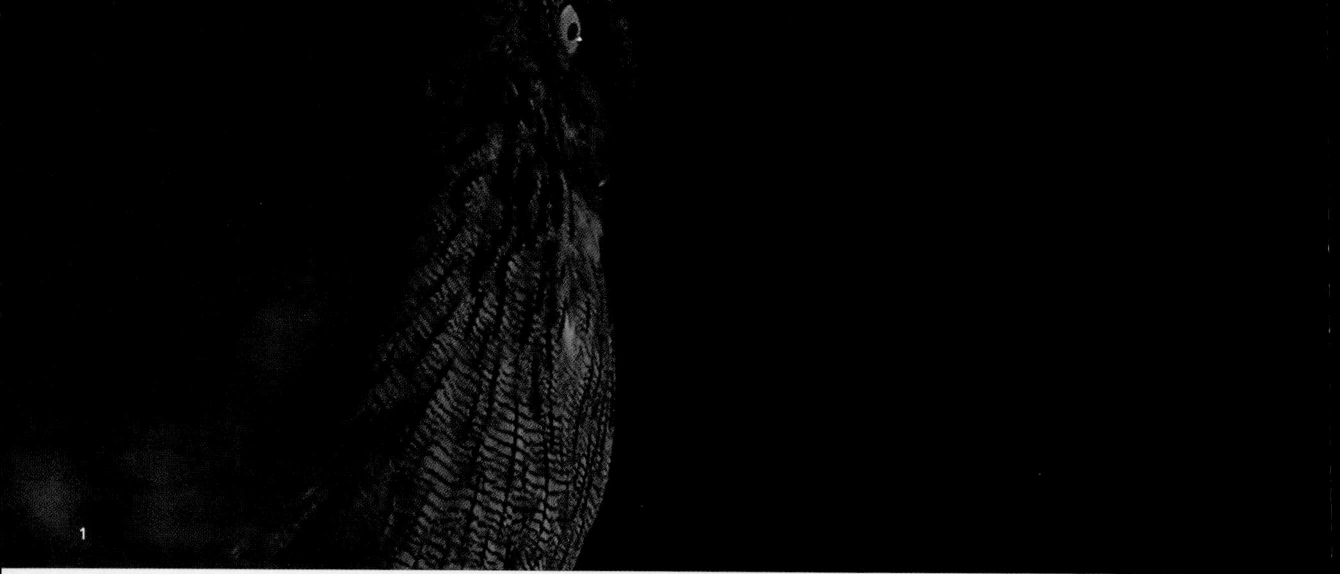

1

2

칠흑같이 어두운 밤, 수리부엉이는 땅 위에 있는 쥐, 비둘기 같은 중소형 동물은 물론이고 토끼, 고라니 새끼 같은 비교적 큰 동물들도 손쉽게 사냥한다.

3

4

엉이의 먹이다. 특히 집쥐(시궁쥐)는 수리부엉이가 가장 좋아하는 먹이다. 개체수가 많아 잡기가 수월하고 영양도 풍부하기 때문이다. 그래서 수리부엉이를 '쥐 전문 사냥꾼'이라고 부른다. 다 먹고 난 먹이는 펠릿(pellet, 소화되지 않고 입으로 뱉어낸 뼈나 털 뭉치) 형태로 토해내는 수리부엉이에게 쥐는 안성맞춤의 먹이다. 쥐의 몸은 털로 덮여 있으니 통째로 삼키거나 토해내기에도 용이하다.

하지만 수리부엉이가 쥐만 잡는 것은 아니다. 수리부엉이가 노루나 늑대를 잡았다고 하면 믿을 수 있을까? 수리부엉이의 사냥능력은 우리 인간의 상상을 뛰어넘는다. 13킬로그램이나 되는 노루를 사냥했다는 기록도 있다. 낚아채간 것은 아니겠지만 적어도 그 큰 노루를 제압했다는 것은 수리부엉이의 힘이 어느 정도인지 가늠하게 하는 대목이다. 심지어는 4분의 3 크기 정도로 다 자란 늑대를 사냥했다는 기록이 있다. 따라서 호랑이, 표범, 늑대, 여우 등 중대형 포유동물들이 사라지고 없는 한반도 야생에서 수리부엉이야말로 최고의 포식자라 할 수 있다.

밤의 제왕 수리부엉이를 만나 그 제국의 비밀을 알기까지에는 3년의 시간이 필요했다. 숱한 시행착오를 거쳐 드러나는 수리부엉이의 비밀 앞에 필자 스스로도 감탄사를 내뱉지 않을 수 없다. 어둠을 가르면서도 소리를 내지 않는 이중성은 과연 어떻게 설계되어 있을까? 평생을 함께 살면서 암수 관계를 유지하는 힘은 어디에서 나오는 것일까? 그리고 우리 삶 속에 투영된 수리부엉이의 모습은 그 참모습을 그대로 반영하는 것일까? 알수록 더욱 흥미롭고 신비한 수리부엉이 제국에 대한 탐험을 이제 시작할까 한다.

1

사냥술의 과학적 비밀

수리부엉이가 밤의 지배자로 군림하기 위해서는 그들만의 특별한 방법이 필요하다. 먹이를 사냥하는 동물(포식자)이나 먹잇감이 되는 동물(피식자)은 치열한 생존경쟁에서 살아남기 위해 다양한 신체구조를 발달시켜왔다. 그중 수리부엉이에게 우선적으로 필요한 것은 세상의 만물이 고요 속에 빠져 있는 상황에 적합한 신체구조이다. 어둠 속에서도 먹잇감의 움직임을 볼 수 있는 뛰어난 눈, 보이지 않더라도 소리만으로도 위치를 파악할 수 있는 예민한 귀를 갖추는 것은 필수적이다.

이번 장에서는 수리부엉이가 진정한 밤의 사냥꾼으로 살아갈 수 있는 조건에 대해 차근차근 알아볼까 한다. 특히 사냥을 위해 먹잇감을 향해 날아가면서도 소리를 내지 않는 과학적 비밀을 현장 경험을 바탕으로 살펴본다.

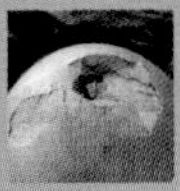

강렬한 태양이 사라지고 온 세상이 어두워지면 기지개를 펴기 시작하는 동물이 있다. 희미한 달빛 속에 몸을 숨긴 채 나뭇가지에 앉아 야생을 내려다본다. 한 점 흐트러짐 없이 의연하기만 하다. 금방이라도 무슨 일이 생길 듯 긴장감이 감돈다. 왕방울 같은 두 눈을 가진 이 야생의 주인공은 수리부엉이다. 잠시 후 고개를 홱 돌린다. 쥐라도 나타난 것일까? 수리부엉이는 아무것도 보이지 않는 어둠을 가른다. 그리고 어느새 쥐 한 마리가 사냥꾼의 발톱에 대롱대롱 달려 있다. 수리부엉이는 도대체 어떤 특별한 능력이 있기에 이토록 손쉽게 사냥을 해내는 것일까?

뛰어난 시력과 청력

인간을 닮은 새

일반적으로 새는 얼굴의 좌우 측면에 두 눈이 있다. 그러나 수리부엉이

의 눈은 다른 새들과 달리 정면에 붙어 있다. 이러한 모습은 사람과 흡사하다는 느낌을 갖게끔 한다.

실제로 인간과 가장 유사한 동물은 보노보다. 주로 아프리카 콩고공화국에 서식하는 보노보는 한동안 침팬지 사촌, 피그미침팬지 등 침팬지의 일종으로 불렸다. 하지만 보노보는 자연계에서 살아가는 엄연한 하나의 종이다. 침팬지와 유사한 면도 있지만 여러 가지 측면에서 차이를 보인다. 우선 행동학적으로 볼 때 공격적인 침팬지와는 매우 다른 모습이다. 보노보는 성(性)행위를 통해 평화를 추구하는 행동양식을 가지고 있다. 최근에야 그 베일이 조금씩 벗겨지고 있는데, 연구자들에 따르면 보노보끼리 서로 다투는 일은 거의 없다고 한다.

보노보의 유전자를 분석해본 결과는 매우 흥미롭다. 인간과 유전자 유사성이 99.3퍼센트에 이른다. 다시 이야기하면 인간과 보노보 사이에는 유전적으로 0.7퍼센트의 차이만 있을 뿐이다. 수치상으로만 본다면 인간과 거의 흡사하다고 착각할 만하다. 0.01퍼센트의 유전자 차이가 인간 상호간 외모와 성격을 결정짓는 열쇠라는 사실을 기억한다면 대단한 유사성임에 틀림없다. 진화인류학자들은 유전자 거리 분석을 통해 보노보, 침팬지, 고릴라, 오랑우탄 등은 인간과 동일한 조상을 가지고 있는 것으로 파악한다.

빛이 부족한 밤에 주로 활동하는 수리부엉이는 눈이 크게 발달했다.

인간과의 유전자 유사성

보노보 99.3% | 침팬지 98.4% | 고릴라 97.7% | 오랑우탄 96.4% | 긴팔원숭이 95%

이들 유인원은 분류학적으로 인간과 가까울 수밖에 없는 동물이다. 그렇다면 포유동물 외에 인간을 가장 많이 닮은 동물을 찾자면 수리부엉이가 아닐까. 둥글고 납작한 얼굴에 앞을 향한 눈은 꽤나 인상적이다. 표정을 찾아보기 힘든 다른 새들과 달리, 수리부엉이가 왕방울 같은 눈을 반쯤 감고 있으면 마치 웃고 있는 것처럼 보이기도 한다. 달리 보면 도시의 밤을 누비는 포유동물, 고양이가 연상되기도 한다. 실제로 옛날에는 고양이 얼굴을 닮은 매라 해서 묘두응猫頭鷹이라고 불리기도 했다.

먹이를 사냥하기 위해 횃대 위에 앉은 모습 또한 고민하는 인간의 모습과 흡사하다. 수리부엉이는 사냥을 위한 결정적인 순간을 노리며 기회를 엿보다가도, 먹잇감이 조금이라도 고개를 들면 외면하고 능청스럽게 딴 곳을 본다. '사느냐 죽느냐 그것이 문제로다'를 되뇌며 우유부단하게 결정을 미루는 햄릿처럼……. 아니면 신중한 걸까? 수리부엉이를 보면 사색에 잠긴 '생각하는 사람'이 떠오르기도 한다.

이처럼 정면을 향하고 있는 수리부엉이의 커다란 두 눈은 신체 면적 중에서 5퍼센트를 차지할 정도로 크다. 수리부엉이 골격 사진에서 볼 수 있듯이 수리부엉이의 두개골은 눈동자로 꽉 차 있다. 가만히 있을 땐 멀뚱멀뚱해 보이기도 하지만 두 눈을 커다랗게 뜨고 있을 때는 수리부엉이의 오렌지색 눈 속에 금방이라도 빨려 들어갈 듯하다.

방어자의 눈, 공격자의 눈

그렇다면 수리부엉이는 왜 다른 새들과 달리 얼굴 정면에 커다란 눈을 가지게 된 것일까? 이는 수리부엉이의 생존과 관련돼 있다. 바로 어둠 속에

수리부엉이의 골격. 각각 전신, 정면, 측면의 모습.

서 사물을 잘 보기 위해서이다. 칠흑 같은 어둠 속에 있다고 상상해보자. 미량의 빛이라도 있으면 사물을 보는 데 상당한 도움이 된다. 서서히 눈을 집중시키면 또렷한 모습을 얻을 수 있다. 게다가 눈이 조금이라도 더 크면 클수록 빛을 더 많이 모을 수 있어 사물을 보기가 수월하다. 카메라 렌즈의 구경이 클수록 밝은 사진을 얻을 수 있는 것과 같은 이치다. 이와 같은 왕방울 눈은 수리부엉이가 긴 진화의 수레바퀴 속에서 발전시킨 것이다. 야행성 조류가 어둠 속에서 살아남기 위한 고육책인 것이다.

꿩이나 비둘기처럼 식물의 낟알을 먹고 생활하는 새들은 천적이 나타나면 도망가는 것이 상책이다. 이들 새들은 천적의 움직임을 0.1초라도 빨리 알아채는 기술이 필요하다. 따라서 각각의 눈으로 주변의 세상을 폭넓게 살피기 위한 단안시mono vision를 가지고 있다. 한마디로 방어자의 눈이다. 반면, 사냥꾼인 수리부엉이는 그와는 다른 시각 시스템을 갖는다. 수리부엉이는 얼굴 정면에 두 눈이 있는데, 이는 양안시binocular vision가 가능하다는 뜻이다. 한 눈으로 보는 것보다 사물을 더 또렷하게 볼 수 있다. 즉 높이, 넓이, 깊이를 인식하여 훨씬 입체적으로 볼 수 있다. 이는 인간과 유사한 방식으로 사물을 식별

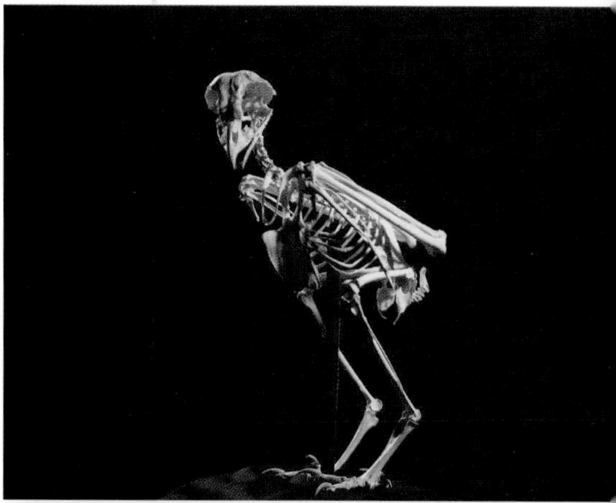

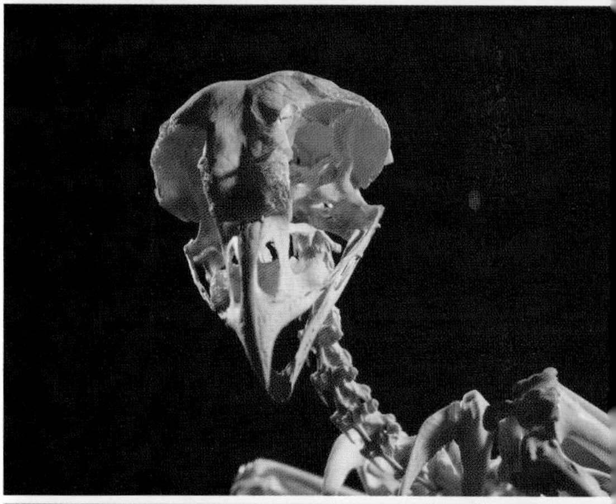

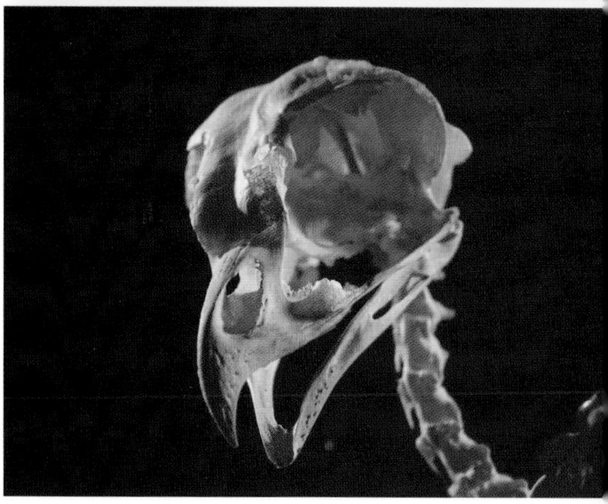

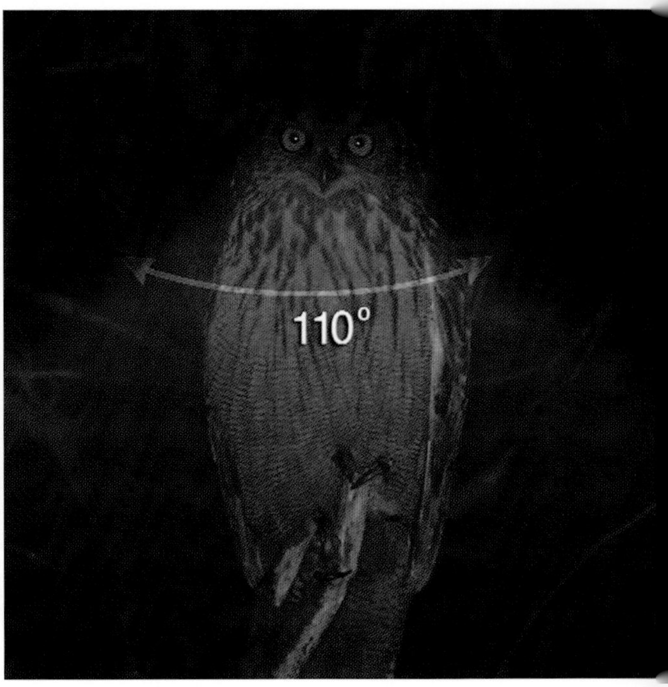

왼쪽 | 꿩은 천적의 접근을 조금이라도 빨리 알아차리기 위해 두 눈이 얼굴의 좌우 측면에 있다.

오른쪽 | 수리부엉이는 사람처럼 얼굴 정면에 두 눈이 있어 사물을 입체적으로 파악하지만, 고개를 움직이지 않고 볼 수 있는 시야가 110도 정도로 좁다.

할 수 있다는 의미다. 이러한 양안시는 수리부엉이를 비롯 모든 올빼미과 조류들의 특징이기도 하다.

한편 수리부엉이가 고개를 움직이지 않고 볼 수 있는 시야는 110도 정도이다. 그중에서도 실제로 양안시로 볼 수 있는 각도는 70도 정도이고, 나머지는 좌우 각각의 눈으로 보는 각이다. 사람의 시야가 180도(양안시로 보는 각도는 140도)이고, 측면에 두 눈이 있는 멧도요의 시야가 360도에 가깝다는 사실(고개를 움직이지 않고 사방의 움직임을 거의 다 볼 수 있다)을 상기한다면 수리부엉이의 시야가 상대적으로 좁은 것을 알 수 있다.

높은 횃대에 앉아 사냥 기회를 엿보는 수리부엉이.

별빛을 담는 눈

그럼에도 불구하고 수리부엉이의 두 눈은 얼굴 정면에 자리한다. 그 이유는 어디에 있을까? 수리부엉이의 시야가 110도라고 해서 다른 새들과 직접 비교해 수리부엉이의 시력이 좋지 않다고 생각하는 것은 섣부른 판단이다. 수리부엉이가 야행성이라는 사실을 잊으면 안 된다. 야간에는 '넓은 시야'로 보는 것보다 어둠 속 사물을 '더 밝게' 보는 것이 필요하다. 그래서 수리부엉이는 시야를 좁히는 대신 상대적으로 큰 눈을 발전시켰다. 그만큼 더 많은 빛을 시세포에 집적할 수 있어 더 밝게 사물을 볼 수 있다. 어두운 밤에 활동하는 특성상 먹잇감이 되는 동물들을 더 잘 보기 위한 노력의 산물이다. 현실적으로 야행성 동물 중에서 수리부엉이를 노릴 수 있는 자가 거의 없으니 방어에 크게 신경 쓸 필요가 없어진 것도 얼굴 정면에 눈을 가지게 된 이유 중 하나이다. 밤의 세계를 지배할 수 있는 강한 힘을 가진 수리부엉이는 그 세계를 더 효과적으로 지배하기 위해 진화의 페달을 밟았다.

수리부엉이는 큰 눈 때문에 눈동자를 움직일 수 없는 단점을 감수하고 있다. 대신 동공을 축소하거나 확대해 빛의 양을 조절함으로써 어둠 속의 사물을 식별한다. 빛을 모을 수 있는 능력을 갖게 됨으로써 사람의 눈에는 보이지 않는 것도 대낮처럼 환하게 볼 수 있게 되었다. 깜깜한 밤에 쥐를 볼 수 있는 자가 누가 있으랴 생각할지 모르겠지만 수리부엉이는 쥐보다 훨씬 높은 곳에서 일거수일투족을 내려다보고 있다. 먹이를 찾기 위해 어슬렁거리다가는 금방 수리부엉이에게 발각된다. 그리고 이내 수리부엉이의 발톱에 걸려들고 말 것이다. 야생의 어느 누구도 뛰어난 시력을 가진 수리부엉이의 눈을 피하기는 어렵다.

그렇다면 수리부엉이의 시력은 어느 정도나 될까? 칠흑 같은 어둠 속에서도 사물을 식별할 수 있을까? 이 질문에 대한 답은 전문적인 연구 결과를 인용할 필요가 있다.29쪽 표 참조 수리부엉이와 같은 올빼미과 새들에게 달빛 정도는 아주 밝은 편에 속한다. 수리부엉이의 경우, 빛을 수용하는 시세포가 발달해 별빛 정도의 밝기에서도 정상적인 사냥이 가능하다. 그믐의 한밤중에도 세상의 빛은 조금씩 있게 마련이고, 반짝이는 별도 따지고 보면 조금씩 빛을 내고 있으므로 수리부엉이가 어두워서 사물을 보지 못하는 경우는 거의 없다. 야행성의 수리부엉이는 밤에 살아가기 위한 기본적인 능력, 즉 뛰어난 시력을 갖춘 셈이다.

만약 완전한 어둠 속이라면 수리부엉이는 사물을 식별할 수 있을까?

물론 불가능에 가깝다. 빛이 없다는 것은 사물을 볼 수 없는 것과 마찬가지다. 다른 야행성 동물도 마찬가지다. 하지만 실제로는 아무리 컴컴한 밤일지라도 무수한 빛이 존재하기 때문에 완전한 어둠은 있을 수 없다. 따라서 수리부엉이가 야생 세계의 모든 움직임을 거의 볼 수 있다고 말해도 무리가 없다.

새들이 사물을 인식하는 데 필요한 빛의 한계치 (단위 : 밀리람베르트)

가면올빼미 (barn owl)	0.000,000,002	장애물을 피하지 못함
가면올빼미 (barn owl)	0.000,000,003	일부 장애물을 피하기도 함
가면올빼미 (barn owl)	0.000,000,02	대부분의 장애물을 피함
긴점박이부엉이 (ural owl)	0.000,000,26	죽은 먹이를 인식하는 데 필요한 최소한의 밝기
칡부엉이 (long-eared owl)	0.000,000,27	죽은 먹이를 인식하는 데 필요한 최소한의 밝기
밤	0.000,000,43	달 없는 구름 낀 날의 숲 속 밝기
인간	0.000,015	보고된 가장 낮은 빛의 한계치
꼬마부엉이 (eurasian pygmy owl)	0.000,16	죽은 먹이를 발견하는 데 필요한 가장 낮은 빛
밤	0.0043	달 없는 구름 낀 날의 개활지

출처 : James R. Duncan, 『Owls of the World』 (2003)

수리부엉이는 눈을 보호하기 위해 세 겹의 눈꺼풀을 가지고 있다. 각각의 눈꺼풀은 기능이 다르다. 윗눈꺼풀은 눈을 깜빡일 때 사용한다. 아랫눈꺼풀은 눈을 감을 때 사용하는데, 아랫눈꺼풀을 위로 올려 눈을 닫고 잠을 잔다. 그리고 순막이라고 하는 눈꺼풀이 있다. 순막은 안쪽에서 바깥쪽 방향으로 대각선으로 닫히는 얇은 막이다. 순막은 눈의 표면에 이물질이 낄 때 청소하는 역할을 할 뿐 아니라 눈을 보호하는 기능도 있다.

순막과 관련해 재미있는 얘기가 하나 있다. 수리부엉이가 사냥을 할 때 반드시 순막을 사용한다는 점이다. 사용 시점은 먹이를 낚아채기 바로 직전이다. 먹잇감을 낚아채는 순간 먹잇감이 반항을 하거나 흙이나 풀이 눈 속에 들어갈 우려가 있다. 이를 대비해 순막으로 닫아 눈을 보호하는 것이다. 이러한 모습은 일반적인 촬영으로 확인할 수 없고 초고속 촬영을 통해서만 볼 수 있다. 수리부엉이가 눈을 감는 모습을 처음 확인했을 때 웃음이 절로 나올 지경이었다. 밤의 제왕 수리부엉이가 무엇이 두려워 쥐와 같이 보잘것없는 먹이 앞에서 우스꽝스럽게 눈을 감을까 하고 의아했지만 금세 의문이 풀렸다. 제아무리 강자라 할지라도 자신의 눈은 스스로 보호해야 한다. 그것은

초고속 촬영

초당 500~1,000장 이상 촬영하는 기법을 초고속 촬영이라고 한다. 빨리 움직이는 모습을 촬영할 때 일반적인 촬영으로는 그림이 흐릿하게 보여 깨끗한 영상을 얻을 수 없다. 하지만 초고속 촬영을 하면 깃털의 작은 떨림까지 포착할 수 있다. 자연 다큐멘터리 〈밤의 제왕 수리부엉이〉 편에서는 수리부엉이의 사냥 장면을 초고속 촬영함으로써 그동안 베일에 가려져 있던 수리부엉이의 사냥 모습을 자세히 보여줄 수 있었다.

반사적으로 움직이는 본능적인 행동이다. 작은 것이 하나 둘 모여 위대한 사냥꾼이 되는 것이다.

다시 수리부엉이의 시각으로 돌아와보자. 수리부엉이는 다른 동물과 구별되는 특징이 하나 더 있다. 바로 유연한 고개다. 입체적인 시각을 택하면서 얻게 된 좁은 시야와 눈동자를 굴리지 못하는 취약성을 다른 방식으로 극복하는 것이다. 수리부엉이는 몸을 움직이지 않고 돌릴 수 있는 고개의 각도가 무려 270도에 이른다. 밤에 수리부엉이의 사냥터에 가보면 횃대에 앉아 주변의 소리에 귀 기울이는 모습을 관찰할 수 있다. 몸은 그대로 있으면서 소리의 방향에 따라 고개를 사방으로 돌린다. 만약 소리가 뒤쪽에서 나면 앞쪽을 향하고 있던 고개를 정 뒤쪽 방향으로 돌리기도 한다. 관찰자 입장에서는 갑작스런 변화에 소스라치게 놀랄 수 있다. 수리부엉이가 관찰자 바로 가까이 있다면 더더욱 그럴 것이다. 수리부엉이가 고개를 270도까지 돌린다는 것은 사실상 360도를 돌리는 것과 다를 바 없다. 한쪽 방향만이 아니라 사방으로 돌리기 때문이다. 뛰어난 시력과 유연한 고개, 이 두 가지는 수리부엉이가 밤에 생활하면서 자신을 적응시키며 만들어낸 걸작품이다.

소리를 담는 얼굴

그렇다면 뛰어난 시력은 뛰어난 사냥능력을 보증할 수 있을까? 수리부엉이의 시력이 뛰어난 것은 사실이지만 어둠 속 세상을 지배하기에는 뭔가 2퍼센트 부족한 느낌이 든다. 필자가 생각하기에 수리부엉이가 사냥하는 데 가장 중요하게 기능하는 것은 청력이다. 밤은 어둠이라는 조건 외에 고요함이라는 조건도 함께 가지고 있다. 따라서 밤에는 눈으로 확인하는 것보다 소

270도까지 움직이는 유연한 고개는 좁은 시야와 눈동자를 굴리지 못하는 취약성을 보완해준다.

리를 통해 위치를 확인하는 것이 더 손쉬울 뿐 아니라 더욱 필요한 방법이기도 하다. 진화의 과정에서 귀의 기능 강화는 수리부엉이 입장에서 어쩔 수 없는 선택이었다.

수리부엉이의 귀가 어디에 붙어 있는지 찾는 것은 무척 어려운 일이다. 귀는 털 속에 가려져 있어 눈에 잘 띄지 않는다. 많은 사람들은 머리에 솟은 귀깃tuft을 귀로 알고 있는데, 이것은 귀와 아무런 상관이 없다. 그렇다면 머리에 난 깃은 어떤 역할을 할까? 연구자들 사이에 의견이 분분하지만 대체로 '위장僞裝 기능'에 무게를 둔다. 아무리 밤의 제왕이라고 하지만 낮에 바위나 나무에 앉아서 잠을 자거나 휴식을 취하는 동안은 수리부엉이에게 가장 취약한 시간이다. 따라서 낮 동안에는 천적의 눈을 피해야 하는데, 이때 머리에 난 깃이 요긴한 역할을 한다. 자연계의 동물들은 자신을 보호하기 위해 나름대로 보호색을 갖추고 있는데, 수리부엉이의 경우 얼룩무늬가 있는 짙은 갈색털을 활용한다. 언뜻 보면 주변 바위와 구별이 잘 되지 않는다.

수리부엉이 둥지를 조사해보면 둥지 바로 앞에 거의 대부분 나무가 서 있다. 수리부엉이는 왜 이런 둥지를 선호할까? 야생동물들에게 가장 위험한 때는 알을 품거나 새끼를 낳는 기간이다. 수리부엉이는 생명의 탄생을 위해 35일간 알을 품으며 둥지를 지키는데, 이때 천적의 공격을 받을 우려가 있다. 그래서 자신을 보호하기 위해 수리부엉이는 주변 환경을 이용한다. 둥지 주변의 나무들은 알을 품고 있는 수리부엉이의 존재를 알아채지 못하게 한다. 게다가 머리에 난 깃은 나뭇가지로 착각하기 쉽다. 나무와 귀깃은 만약의 상황을 대비한 호신용인 셈이다.

수리부엉이의 귀는 눈 뒤쪽 양 옆에 붙어 있다. 수리부엉이는 양 귀를 조

나뭇가지와 바위로 착각할 만한 수리부엉이의 위장술.
털 빛깔을 주변 환경과 비슷하게 갖추는 방법은 많은 동물들이 자신을 방어하는 전략 중 하나이다.

금씩 움직여 소리의 위치를 입체적으로 추적할 수 있다. 과거에는 수리부엉이를 비롯한 올빼미과 새들을 이야기할 때 '귀의 위치가 좌우 양쪽 간 차이가 있어 소리를 잘 들을 수 있다'는 설명이 설득력을 얻었다. 그도 그럴 것이 올빼미과 새들이 소리 포착 능력이 뛰어나 이러한 설명을 당연하게 여겼다. 필자도 과거에 올빼미과 새는 모두 양쪽 귀가 비대칭이라고 생각했다. 학자들이 쓴 책에서도 비대칭성은 당연한 듯이 얘기되고 있다.

과연 이 주장은 사실일까? 수리부엉이 귀를 아무리 들여다보아도 양쪽 귀의 높낮이가 다르다는 근거는 찾을 수 없다. 양쪽 귀의 미세한 비대칭성도 소리를 입체적으로 수용하는 데 도움을 줄 것이다. 하지만 어느 동물이나 그 정도의 작은 비대칭성은 존재한다. 수리부엉이의 경우에는 양쪽 귀의 높낮이 차이로 소리의 위치를 입체적으로 파악한다기보다 귀 자체가 가지고 있는 가변성(소리 위치에 따라 바깥 귀의 모양을 자유자재로 바꾸는 능력) 때문에 입체적 음원 추적이 가능하다고 볼 수 있다.

© 로이터 연합

왼쪽 귀와 오른쪽 귀의 높낮이가 다른 가면올빼미.

올빼미과 조류 중에 가면올빼미는 전형적으로 비대칭적인 귀를 가지고 있다. 높낮이가 확연하게 다른 귀를 이용해 깜깜한 밤 헛간 주변에서 움직이는 쥐의 위치를 정확하게 찾아낸다. 가면올빼미의 이런 특성이 일반 올빼미류에게 확대 적용되어 수리부엉이를 비롯한 모든 올빼미의 귀가 좌우 높이가 다르다는 오해를 불러일으킨 듯하다.

수리부엉이는 고도로 발달한 청각 시스템을 가지고 있다. 귀는 단독으

위 | 수리부엉이의 귀. 어두운 밤에 활동하는 수리부엉이에게 청력은 중요한 수단이다.
아래 | 수리부엉이 얼굴은 소리를 모아 크게 하는 접시형 집음기와 같은 역할을 한다.

로 기능하지 않는다. 수리부엉이의 얼굴은 납작한 하트 모양이다. 이런 형태의 얼굴을 '안면판facial disc'이라고 하는데, 올빼미과 새들의 공통된 특징이다. 수리부엉이의 귀는 이 안면판의 깃으로 덮여 있다. 안면판은 소리를 모아서 귀로 전달한다. 파라볼라 안테나의 접시와 같은 역할이다. 멀리 있는 소리든 작은 소리든 모든 소리는 안면판에 집적되기 때문에 수리부엉이는 미세한 소리도 잘 들을 수 있다. 따라서 수리부엉이 얼굴은 일종의 고성능 집음기(약한 음을 녹음할 때 소리를 모아 크게 하는 장치)라 할 수 있다.

멀리 있는 소리나 작은 소리도 잘 잡아내는 수리부엉이의 얼굴은 파라볼라 안테나의 접시를 닮았다.

자연 다큐멘터리 촬영을 할 때 소리의 중요성은 아무리 강조해도 지나치지 않는다. 아름답고 역동적인 영상은 음향이 받쳐줄 때 생동감 있는 장면으로 전달된다. 그래서 깨끗한 음질의 소리를 녹음하기 위해서 각종 마이크를 사용한다. 그중 접시형 집음기도 종종 쓰인다. 한편, 요즘에는 위성방송 수신을 위해 파라볼라 안테나를 설치해둔 가정이 많다. 우리 인간의 발명품이라는 것도 알고 보면 인간에게는 없지만 다른 동물이 가지고 있는 능력을 모방하는 것이라는 생각이 든다. 수리부엉이의 청각 능력은 어느 사이 인간의 과학적 발명에 모델이 된 것이다.

침묵의 사냥꾼

수리부엉이가 들을 수 있는 가청 범위는 인간과 크게 다르지 않다. 하지만 어떤 주파수에서는 인간보다 훨씬 더 정확하게 들을 수 있다. 그래서 수리부엉이는 깜깜한 밤 나뭇잎 밑에서 들리는 미세한 소리도 잘 들을 수 있다. 왼쪽에서 소리가 나면 왼쪽 귀가 먼저 반응하고, 오른쪽에서 소리가 나면 오른쪽 귀가 먼저 반응한다. 가운데서 들리는 소리는 좌우 귀가 거의 동시에 반응한다. 소리가 감지되는 시간차를 이용해 소리가 발생하는 위치를 정확하게 추적하는 것이다. 한 실험에 의하면, 수리부엉이는 소리의 좌우 시간차를 0.00003초까지 감지할 수 있다고 한다. 이 정도의 청력이라면 어디에서 소리가 나든 상관없이 고요한 밤에 나는 거의 모든 소리가 수리부엉이의 귀에 전달된다고 할 수 있다.

수리부엉이는 사냥감의 위치를 파악하기 위해서 눈과 귀를 함께 이용한다. 어떤 때는 시력을 활용하고 어떤 때는 청력을 활용한다. 때에 따라서는 두 가지를 동시에 이용하기도 한다. 하지만 사냥하는 데 더 중요하게 쓰이는 기관은 귀다. 만약 먹잇감이 풀 속에서 움직이고 있어서 수리부엉이 눈에 보이지 않더라도 소리만 듣고도 사냥하는 데 아무런 지장이 없다. 귀로 소리의 위치를 추적함으로써 먹잇감이 어디에 있는지 파악하고 사냥하는 것이 가능하다. 이런 점에서 소리는 수리부엉이가 사냥하는 데 가장 중요한 요소라 할 수 있다.

한밤중에 수리부엉이를 촬영할 때, 약간의 소리만 내더라도 수리부엉이는 제작진 쪽으로 고개를 돌린다. 옷이 스치면서 나는 바스락거리는 소리를 우리 스스로는 잘 느끼지 못한다. 하지만 수리부엉이에게는 큰 소리로 들려 긴장하게 한다. 그러면 고개를 제작진 쪽으로 홱 돌린다. 소리 때문에 제작진의 잠복이 수리부엉이에게 노출되고 마는 것이다. 또한 주변 소음이 심하면 수리부엉이의 사냥은 쉽지 않다. 노리고 있는 먹잇감이 움직여 위치를 정확하게 포착하고 있다 하더라도 잡음이 들리는 쪽으로 고개를 자꾸 돌리게 돼 먹잇감에 집중할 수 없기 때문이다. 이런 경우 여차하면 수리부엉이는 사냥을 포기할지도 모른다. 어둠 속에서 수리부엉이가 사냥하는 멋진 장면을 보고 싶으면 소리를 내지 않아야 한다. '사냥터에서 정숙하라!' 이것이 제1 원칙이다.

특수한 털과 날개구조

뛰어난 시력과 청력을 가졌다고 해서 수리부엉이가 밤에 생존하는 데 필요한 조건을 다 갖췄다고는 말할 수 없다. 이 정도의 능력이야 다른 야행성 동물들도 웬만큼 갖추고 있다. 토끼는 소리의 방향에 따라 움직이는 쫑긋한 귀가 있고, 하늘다람쥐는 왕방울처럼 생긴 커다란 눈을 가지고 있다. 이는 생존의 필요에 의해 발달시킨 것들이다. 수리부엉이는 고요한 밤의 세계를 지배하기 위해 시력과 청력 외에 어떠한 무기를 더 개발했을까?

새가 난다는 것은 공기의 저항을 뚫고 나가는 것이다. 조밀한 공기를 가로질러 나가다 보면 필연적으로 소리를 내기 마련이다. 공항의 이륙장에서 고막이 찢어질 정도로 큰 굉음을 들어본 적이 있을 것이다. 비행기는 활주로를 벗어날 때 유독 큰 소리를 낸다. 속도를 많이 낼수록 소리는 더 커진다. 비행기와 공기가 부딪치면 비행기의 꼬리날개 양쪽에 와류渦流현상, 즉 회오리바람이 생긴다. 우리가 듣는 비행기소리는 엔진소리도 일부 포함돼 있지만 바로 회오리바람으로 인해 생기는 소리라 할 수 있다. 한번은 에어쇼를 촬영한 적이 있는데, 초음속기(음속보다 빠른 속도로 비행하는 항공기)가

기러기를 공격하는 검독수리. 육식성의 새를 통틀어 맹금류라 부르는데, 날카로운 부리와 발톱이 발달했다.
검독수리를 포함해 수리부엉이, 올빼미, 매, 황조롱이 등이 맹금류에 속한다.

날아오르면서 내는 소리 때문에 귀마개를 하지 않고서는 서 있을 수 없었다. 이 모든 소리는 비행기가 공기를 가르는 과정에서 생길 수밖에 없는 마찰음이다.

자연 다큐멘터리를 편집할 때 새가 나는 동작에 효과음을 넣는 경우가 빈번하다. 대부분 날개 퍼덕이는 소리를 입힌다. 망원렌즈로 촬영하면 영상은 포착되지만 새가 나는 소리는 잘 들어오지 않기 때문에 후반작업에서 효과음을 별도로 넣어주는 것이다. 새가 공기를 가를 때 나는 소리를 표현하는 하나의 방법이다. 그런데 일부 프로그램에서 수리부엉이가 나는 장면에도 습관적으로 날갯짓 소리를 넣는데, 제대로 된 편집이라 할 수 있을까?

빠름이 지배하는 낮

새들은 주어진 조건에 맞게 진화한다. 주로 주간에 활동하는 맹금류는 사냥을 위해서 전투기처럼 빨리 날거나 회전 기술을 이용해 먹잇감을 힘으로 제압하는 능력이 필요하다. 앞서 언급했던 검독수리는 여우를 사냥하기 위해 엄청난 속도를 낸다. 물론 어쩔 수 없이 비행할 때 소리도 만들어낸다. 하지만 다가오는 소리를 사냥 대상이 알아채기 전에 잡을 수 있다면 소리는 아무런 문제가 되지 않는다. 더구나 낮에는 다양한 자연의 소리들이 상존하기 때문에 접근하는 소리를 잘 듣지 못할 가능성도 있다. 이러한 속도를 추구하는 대표적인 새가 매다. 매는 날아가는 새도 낚아챈다. 잡고자 하는 새보다 더 빨리 날기 때문에 가능한 일이다. 매의 사냥속도는 시속 약 300킬로미터라고 한다.

듀크 대학의 밴스 터커 교수가 최근 실시한 컴퓨터 모의실험에 의하면,

낮에 활동하는 대표적인 맹금류인 매는 '속도의 예술'로 먹잇감을 낚아챈다.

매가 사냥을 위해 급강하하는 순간속도가 무려 시속 360킬로미터나 되었다고 한다. 매의 비행속도는 동물이 낼 수 있는 가장 빠른 속도로 추정되고 있다. 물론 실제 사냥에서는 다양한 저항과 마주칠 가능성이 있으므로 이 속도는 이론적으로나 가능한 수치일 것이다. 하지만 매가 적어도 시속 300킬로미터 전후의 속도를 낼 수 있다는 것은 분명하다. 말이 300킬로미터이지 이는 어마어마한 속도이다. 매의 비행속도가 얼마나 빠른지 실감이 나지 않는다면 고속열차 KTX가 달리는 모습을 상상하면 된다. 꿈의 열차라 불리는 KTX가 달리는 속도가 시속 300킬로미터 정도이다.

매가 날아가는 새를 사냥할 때 시속 300킬로미터의 속도로 급강하기 위해서는 어떠한 신체구조가 필요할까? 매는 공기와의 저항을 최대한 줄이기 위해 날렵한 날개구조를 선택했다. 날개 끝은 각이 져 뾰족하고, 꼬리는 폭이 좁고 상대적으로 길다. 사냥 비행할 때는 날개를 최대한 뒤로 접는다. 멀리서 보면 마치 화살이 날아가는 모습 같다. 물론 빠른 속도로 인해 마찰음이 생기는 것은 당연하다. 매는 소리가 나는 단점을 감수하면서 빨리 나는 '속도의 신체구조'를 선택했다.

느림이 지배하는 밤

반면, 수리부엉이는 밤의 조건에 맞게 느리게 나는 '느림의 신체구조'를 선택했다. 즉 비행속도가 줄어드는 단점을 감수하면서 비행할 때 소리가 나지 않도록 날개를 설계했다. 우선 수리부엉이의 깃털을 살펴보면 일반 새의 깃털과 다른 점을 발견할 수 있다. 온몸에는 마치 융단을 깔아놓은 듯 미세한 털이 돋아 있다. 처음 이 모습을 보는 순간 눈을 의심했다. 깃털로 요를 만들어 바닥에 깔아놓고 뒹굴고 싶을 정도였으니 말이다. 그만큼 수리부엉

초접사 촬영

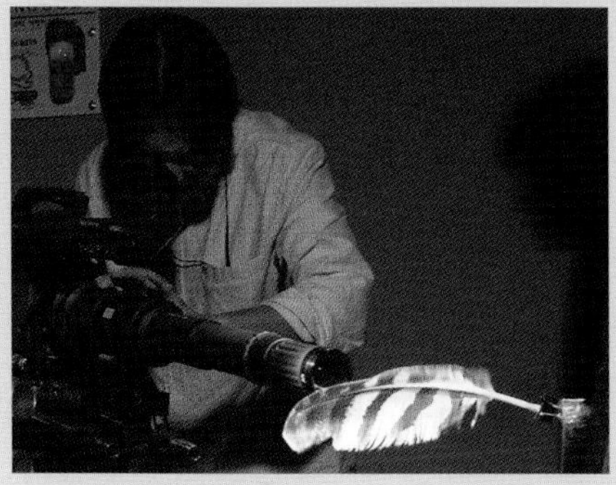

초접사 촬영에는 실물 크기를 5~10배 크게 확대해주는 렌즈를 사용한다. 매우 높은 배율로 확대하는 현미경과 일반 렌즈 촬영의 중간 단계라고 할 수 있다.

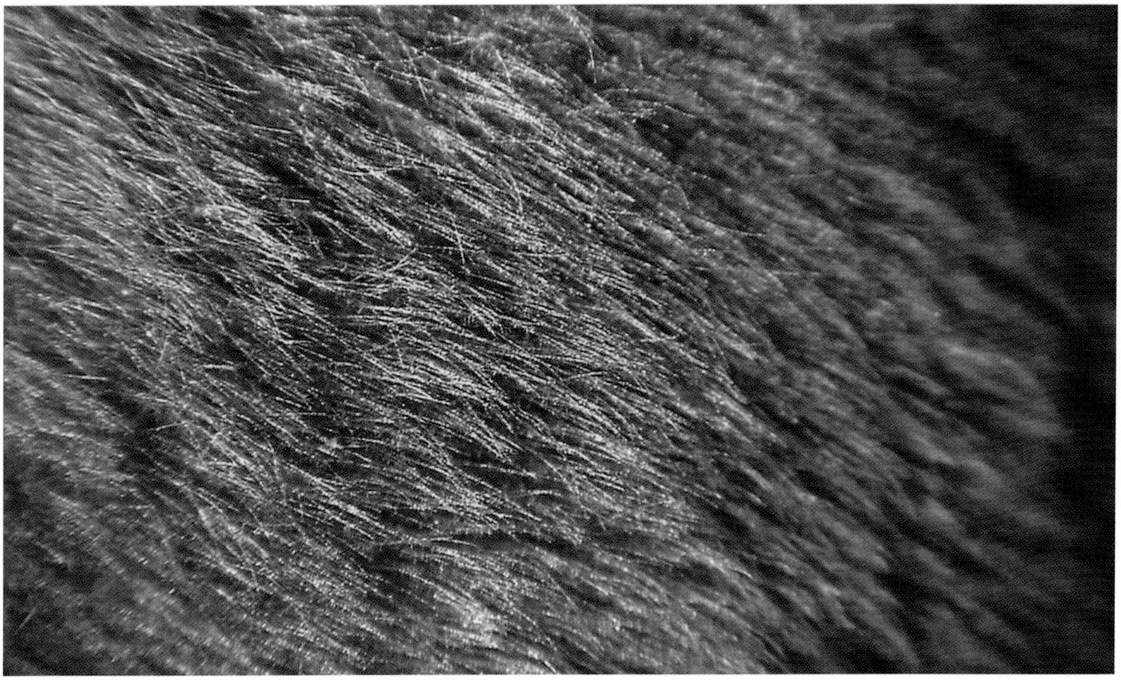

접사촬영을 통해 본 수리부엉이 깃털. 마치 융단을 깔아놓은 듯하다.

이의 깃털은 폭신폭신한 느낌을 주었다. 물론 이러한 독특한 모습은 맨눈으로는 잘 확인되지 않는다. 깃털의 섬세한 모습은 초접사 촬영을 통해 확인할 수 있다.

수리부엉이는 부리와 발톱을 제외한 모든 부분이 깃털로 덮여 있다. 온몸에 풍성한 깃털을 가지게 됨으로써 여러 가지 이점이 생겼다.

첫째, 혹한의 한겨울에 번식할 수 있는 조건을 갖췄다. 2장 참조

둘째, 깃털 표면에 미세한 털까지 갖춤으로써 비행할 때 깃털에 부딪치는 바람소리를 최소화할 수 있게 됐다. 조용한 밤에 소리 없이 날 수 있다는 것은 야행성인 수리부엉이에게 일대 혁명이었다.

날면서 소리를 내지 않는다는 것은 동전의 양면과도 같아서 쉽게 해결할

수 있는 성질의 것이 아니다. 하지만 수리부엉이는 해냈다. 우선 빨리 날아야 한다는 부담감에서 벗어났다. 아니 과감히 버렸다고 하는 편이 나을 것 같다. 그리고 깃털에 얇고 부드러운 솜털을 부착했다. 수리부엉이의 깃털 표면은 바람소리를 흡수했다. 작은 변화는 그전에는 상상할 수 없는 엄청난 결과를 낳았다. 아무도 수리부엉이의 '소리 없는' 공격을 알아채지 못했다. 빨리 날아서 잡으나 천천히 날아서 잡으나 먹잇감을 잡기만 하면 된다. 쥐나 토끼가 눈치채지 못하게 살며시 접근해 뒷덜미를 잡아채는 수법은 그럴싸했다. 방심하고 있던 밤의 구성원들은 한눈팔다가 수리부엉이에게 잡혀가는 동물들을 보며 전전긍긍했다.

수리부엉이는 여기에 그치지 않았다. 느림의 미학에 눈을 뜬 수리부엉이는 이제 날개구조 개조에 신경을 썼다. 날개 크기를 다른 새들보다 더 크

지향성 마이크

수리부엉이 촬영을 위해 사용한 지향성 마이크는 수리부엉이 깃털처럼 바람을 흡수하는 구조다. 일반 마이크를 그냥 설치해두면 바람소리 때문에 음향을 제대로 잡아내지 못하는 경우가 생길 수 있다. 그래서 마이크에 털이 성기게 난 덮개를 씌워놓는다. 이렇게 하면 바람소리가 상쇄돼 크게 나는 소리만 집음할 수 있다. 이러한 마이크의 원리도 수리부엉이의 소리를 일으키지 않는 깃털에서 본떠온 것은 아닐까?

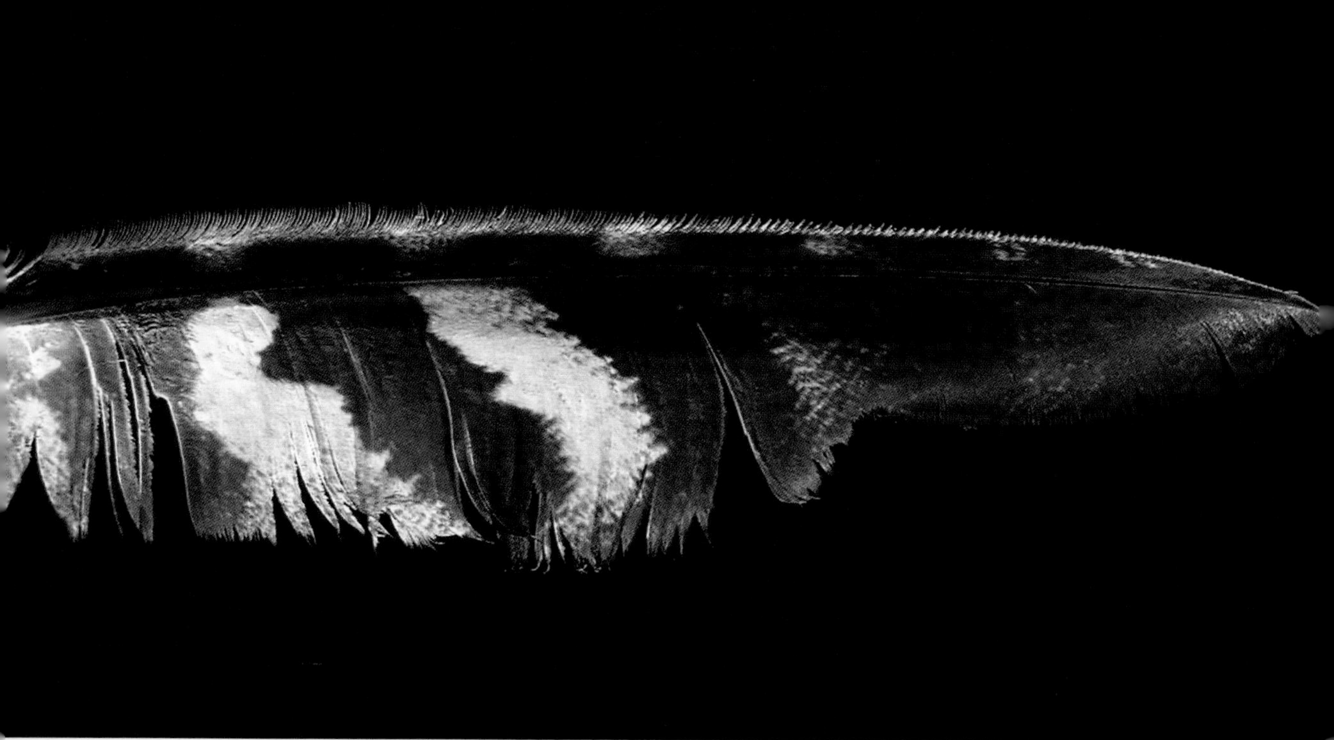

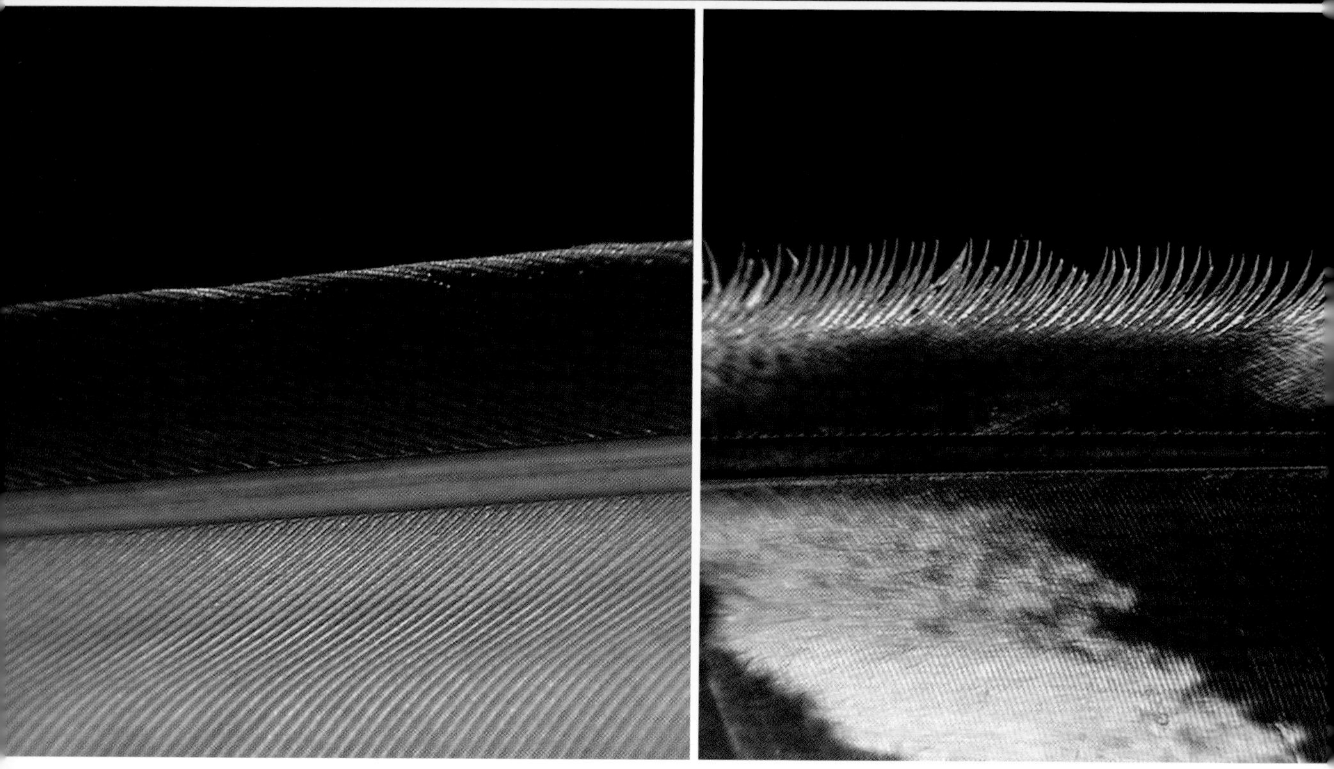

위 | 수리부엉이의 첫째날개깃은 빗처럼 생겨서 바람소리를 최소화한다.
아래 | 쇠오리 깃털(왼쪽)과 수리부엉이 깃털(오른쪽).

게 바꾼 것이다. 날개 표면적이 넓어져 공기저항을 많이 받아 비행속도는 떨어졌다. 하지만 공중에 더 오래 떠 있으면서 먹잇감에 정확하게 접근할 수 있게 됐다.

소리 없이 날기 위한 작전은 날로 발전했다. 수리부엉이가 이번에 눈을 돌린 것은 날개 끝부분이었다. 높은 곳에서 강하할 때 바람이 스치는 부분은 날개 표면과 날개 끝부분이다. 날개 표면은 부드럽게 처리해 소리가 날 수 있는 가능성을 차단했으므로 이제 남은 것은 날개 끝부분이었다. 날개깃 끝이 칼날처럼 날카로워서는 바람소리를 막을 수 없다. 그래서 날개 끝을 머리빗처럼 성기게 만들었다. 바람과 만나더라도 뾰족뾰족한 틈새 사이사이를 지나면서 소리는 작아지고 궁극에 가서는 생기지 않게 된다. 다시 말해 수리부엉이는 날더라도 꼬리 쪽에 회오리바람을 일으키지 않는다. 가장 바깥쪽에 있는 첫째날개깃의 끝(날 때 바람과 직접 부딪치는 부분)을 빗 모양으로 만든 것은 은밀한 비행을 완성하는 데 결정적 역할을 했다.

꼬리날개도 바꿨다. 수리부엉이가 날아갈 때 밑에서 쳐다보면, 날개가 크다는 점 외에 또 다른 특징적인 외관을 확인할 수 있다. 꼬리날개가 상대적으로 짧고 넓다는 점이다.

비행을 할 때 방향타 역할을 하는 꼬리날개를 짧고 넓게 바꿈으로써 또 하나의 이점을 얻게 됐다. 속도를 포기하는 대신 천천히 날 수 있는 물리적 기반을 완성한 것이다. 먹이를 사냥하기 위해 내려올 때 꼬리를 넓게 펴 깃털 사이로 바람이 통하게 했다. 덕분에 바람소리는 상쇄된다. 소리를 줄이려는 수리부엉이의 목표가 신체의 세세한 부분까지 영향을 미치고 있음을 알 수 있다. 게다가 신체 각 부분의 깃털과 깃털을 조밀하게 엮기까지 했다. 이

제 사냥 비행을 할 때 생길 수 있는 마찰음의 가능성은 모두 사라졌다. 이렇게 해서 수리부엉이의 '소리 없는 비행'을 위한 설계도가 마무리됐다.

수리부엉이가 느리게 난다고 할 때 그 속도는 어느 정도일까? 수리부엉이는 야간에 사냥하기 때문에 비행속도를 측정하는 데는 많은 어려움이 따른다. 속도계(움직이는 물체의 속도를 재는 장치)를 이용할 수도 있지만, 현실적인 문제가 있다. 속도계를 날고 있는 수리부엉이에게 겨냥하는 것 자체가 어렵기 때문이다. 그래서 필자는 수리부엉이가 사냥할 때 날기 시작하는 지점과 먹잇감을 낚아채는 지점 사이의 거리와 먹잇감에 도달하는 데 걸리는 시간을 측정해서 수리부엉이의 사냥속도를 계산했다.

수리부엉이의 사냥속도

- 먹잇감과 수리부엉이가 앉아 있는 지점 사이의 거리 : 12m
- 도달 시간 (날기 시작해서 먹잇감을 낚아채는 순간까지 걸리는 시간) : 2초 7프레임
  (NTSC 방식에서 1초는 29.97프레임 (약 30프레임)
- 방정식 12m : $2\frac{7}{30}$초 = X : 3600초 (1시간)

  X = 19,343 m

∴ 19,343m/h = 19.343km/h (시속 약 20km)

수리부엉이는 폭이 넓고 큰 날개 덕분에 천천히 날 수 있다. 게다가 날개 표면이 부드럽고, 끝이 머리빗 모양이어서 '소리 없는 비행'이 가능하다.

위에서 측정한 속도는 평균 속도이다. 순간속도는 좀더 빠를 수 있다. 하지만 수리부엉이에게는, 얼마나 빠르게 사냥하느냐가 아니라 얼마나 느리게 사냥하느냐가 더 큰 관심사이다. 실제는 더 빠를 수도 있고 더 느릴 수도 있다. 하지만 수리부엉이의 평균 사냥속도가 시속 20킬로미터라고 말하는

것은 전반적으로 무리가 없는 듯하다. 조건이 다른 장소에서의 사냥속도도 시속 20킬로미터 안팎으로 나왔기 때문이다.

야간이라는 조건을 생각한다면 시속 20킬로미터도 그렇게 느린 속도는 아닐 수 있다. 수리부엉이의 사냥속도 시속 20킬로미터와 매의 사냥속도 시속 300킬로미터는 주어진 조건에 따른 적응결과가 얼마나 다르게 나타나는지를 잘 보여준다. 깃털의 물리적 구조를 바꿔 날개 뒤쪽에 회오리바람을 일으키지 않고, 날개가 부딪치면서 생길 수 있는 소리를 깃털 속에 흡수하는 수리부엉이는 밤의 은밀한 사냥꾼으로서 필요한 모든 신체조건을 다 갖춘 셈이다.

이러한 수리부엉이 사냥술은 스텔스기stealth aircraft에 비유되기도 한다. 적의 레이더에 포착되지 않게 접근해 적을 공격하는 스텔스 기능은 특히 야간에 위력을 발휘한다. 은밀한 공격은 기습공격을 가능케 한다. 실제로 수리부엉이도 정면공격은 잘 하지 않는다. 사냥감이 한눈팔 때를 포착해 기습적으로 사냥한다. 속도를 앞세워 정면돌파를 하는 매와 상반된 모습이다.

느림이라는 단점을 감수하면서 비행과 소리의

1 2

수리부엉이 사냥의 비밀은 소리를 내지 않고 은밀하게 접근해 먹잇감을 낚아채는 데 있다. 소리 없이 나는 것은 야행성 새들의 특징이다.

모순을 해결한 수리부엉이의 진화는 아무리 생각해도 참으로 위대하다. 수리부엉이가 수백만 년의 세월을 넘어 아직도 밤의 세계를 지배하고 있으니 말이다.

발톱과 부리

수리부엉이는 주로 밤에 활동하기 때문에 사냥하는 모습을 직접 관찰하기란 쉬운 일이 아니나, 필자는 지난 3년 동안 셀 수 없을 만큼 수리부엉이의 사냥 순간을 지켜볼 수 있었다. 수리부엉이가 사냥할 때 보여주는 대략적인 특징은 다음과 같다.

3

4

5

쥐가 한 마리 있다고 가정하자. 수리부엉이는 우선 바위에 앉아 움직이지 않고 기다린다. 눈과 귀를 이용해 쥐의 위치를 정확히 파악하면 소리 없이 날아 발을 쭉 뻗어 쥐를 낚아채 오른다. 그러고 나서 처음에 앉아 있던 장소인 바위나 나뭇가지로 되돌아와 부리로 찢어 먹는다. 작은 먹이라면 그대로 삼키기도 한다.

수리부엉이가 오랜 진화를 거듭하면서 고안해낸 '소리 없는 비행'의 목적은

왼쪽 | 잡은 닭을 나르는 수리부엉이. 수리부엉이의 강력한 발톱에 한번 걸리면 빠져나가기 힘들다.

오른쪽 | 쥐와 같은 작은 먹이는 부리를 이용해 나르기도 한다.

사냥에 있다. 그리고 사냥의 완성은 발톱으로 이루어진다. 아무리 조용히 날아도 발톱의 힘이 없다면 사냥은 성공으로 이어지지 못할 것이다. 수리부엉이의 발톱은 날카롭고 강해 잡히면 어른 손을 관통할 정도이다. 일단 수리부엉이의 발톱에 잡히면 수리부엉이가 놓지 않는 한 빼기 힘들다.

쥐와 같은 작은 먹이를 나를 때는 부리를 이용해 물고 가기도 하지만, 토끼, 왜가리, 꿩 등 비교적 큰 먹이는 발톱으로 집어 나른다. 수리부엉이가 먹이를 둥지로 가져오는 모습을 관찰해보면, 큰 먹이를 잡았을 때는 한쪽 발로 먹이를 잡고, 또 다른 쪽 발로는 안전하게 내려앉는 것을 알 수 있다.

수리부엉이의 발은 깃털로 덮여 있다. 다른 맹금류와 다른 점이다. 주행성인 매는 빠르게 날기 위해 몸이 미끈하고 발에는 털이 없다. 그러나 야행

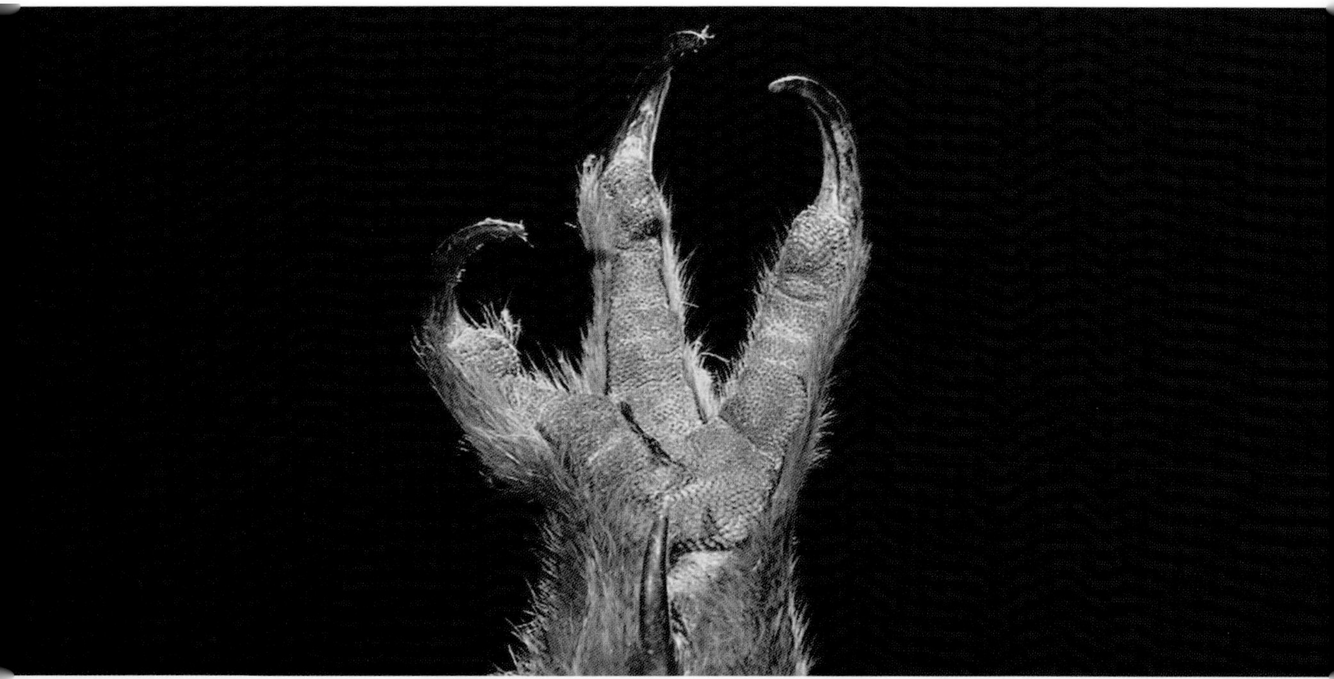

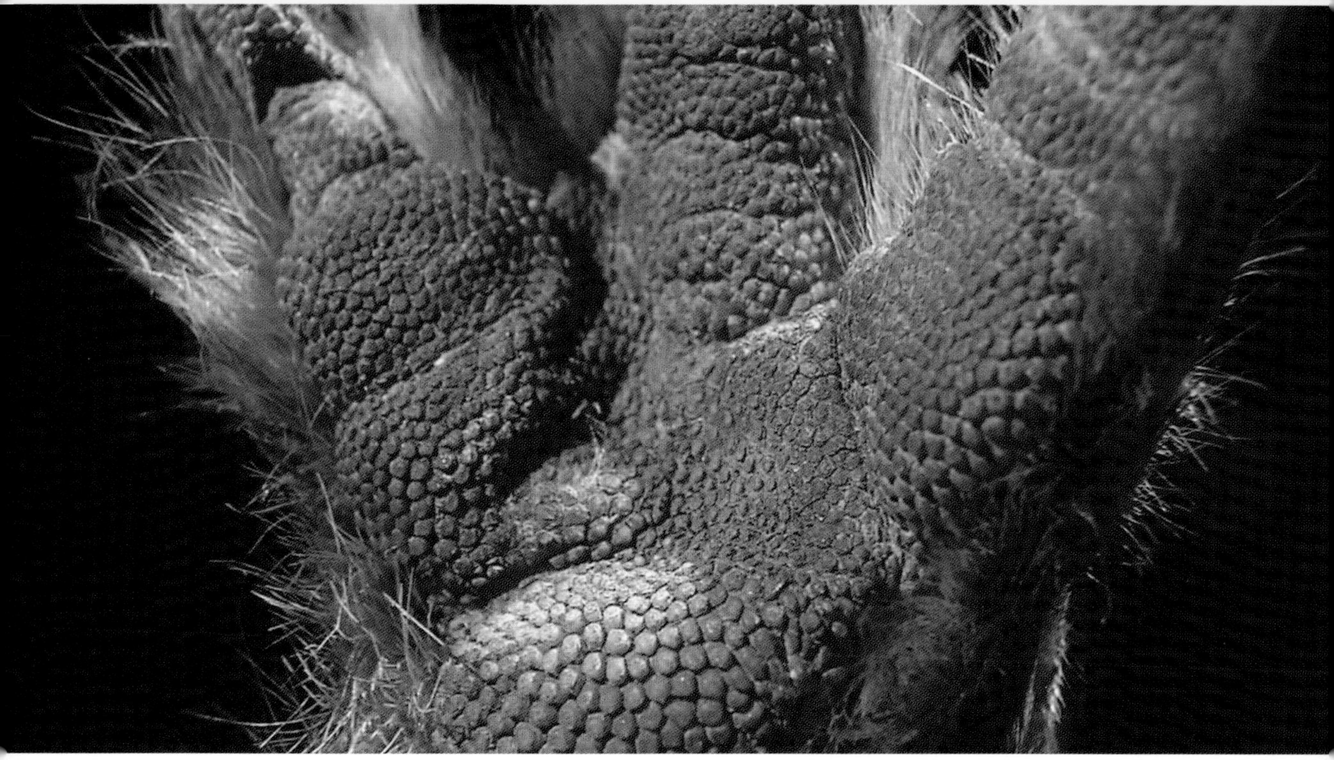

수리부엉이는 발가락 힘만으로 토끼, 왜가리, 꿩 등 무게가 나가는 먹이를 집어 나른다.
발바닥에 있는 돌기는 마찰력을 크게 해 먹잇감을 놓치지 않게 한다.

어린 수리부엉이가 발가락과 부리를 이용해 먹이를 잡고 있다. 발가락의 힘은 매우 강력해서 작은 먹이는 발가락으로 잡고만 있어도 죽는다.

성 수리부엉이의 발에 덮인 털은 조금이라도 소리를 덜 내게 하는 데 도움을 준다. 이외에도 털을 가져서 얻는 이점은 많다. 추위를 잘 견디게 하며, 사냥하다가 먹잇감이 반항하는 일이 생기더라도 털이 있어 몸을 보호할 수 있다. 수리부엉이를 비롯한 모든 올빼미과 새들은 발톱과 부리에만 털이 없다. 하지만 수리부엉이는 여기마저도 거의 털로 싸여 있다시피 한다. 주어진 조건에 효과적으로 적응하려는 처절한 몸부림이 느껴진다.

수리부엉이의 발가락은 네 개인데, 바깥쪽 발가락 두 개는 아주 유연하다. 그래서 용도에 따라 탄력적으로 사용할 수 있다. 사냥할 때 관찰해보면, 먹이를 덮치기 직전에 발가락 세 개를 앞쪽으로 쭉 내밀고, 한 개는 뒤를 향하고 있음을 알 수 있다. 먹이를 확실하게 포획하기 위해서이다. 횃대에 앉아 있거나 먹이를 잡고 있을 때는 발가락을 앞뒤 두 개씩 나누어 꽉 쥐고 있다. 근육을 움직이지 않고 순전히 발가락의 힘으로 잡고 있는데, 마치 제동장치를 해놓은 것처럼 꽉 조여진다.

수리부엉이의 발바닥을 들여다보면 깜짝 놀랄 것이다. 발바닥에는 거친 돌기가 돋아 있다. 이는 먹이를 잡을 때 마찰력을 강화한다. 이러한 발바닥은 제2의 제동장치 역할을 한다. 따라서 수리부엉이의 발에 한번 걸려들면 그 어느 누구도 빠져나갈 수 없다. 수리부엉이가 노루나 고라니 같은 덩치가 큰 포유동물들을 사냥할 수 있는 원동력도 바로 이와 같은 강력한 발톱의 힘에서 나온다.

사냥한 먹이는 최종적으로 부리를 이용해 죽인다. 발톱으로 꽉 쥐고 어느 정도 힘이 빠졌다고 판단되면 부리로 목을 딴다. 수리부엉이의 날카로운 부리는 짧지만 가위처럼 생겨서 사냥감을 찢기에 아주 용이하다. 부리 끝은 갈고리 모양으로 아래로 향하고 있다. 이는 먹이를 찢는 데 도움을 주기도 하고, 수리부엉이의 시야를 가리지 않게 하기도 한다. 부리가 앞으로 나와 있으면 시야를 방해하기 때문이다.

지금까지 생존과 사냥의 관점에서 수리부엉이의 신체구조를 살펴보았다. 수리부엉이는 몸 자체가 과학적 발명품이라 할 수 있다. 마치 과학적 원리를 먼저 알고 설계한 듯 정교하다. 작은 부분까지 한 치의 어긋남도 없다. 게다가 하늘을 날면서도 땅 위의 큰 동물들을 사냥할 줄 아는 능력을 지녔다. 바로 이런 점 때문에 많은 사람들이 수리부엉이에게서 제왕다운 힘을 발견하고 일종의 경외심마저 느끼고 있는지도 모른다. 수리부엉이는 역시 진정한 밤의 제왕이다.

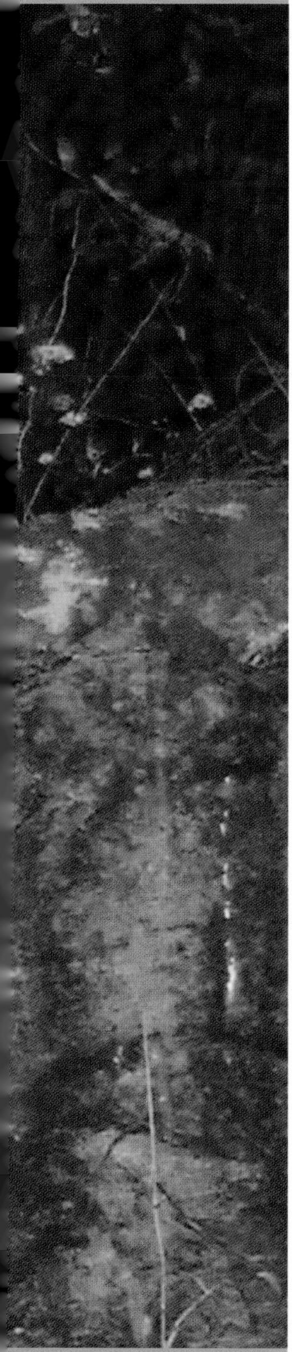

2

독특한 번식 생태

앞장에서 수리부엉이의 '느림의 사냥술'을 가능하게 하는 신체조건에 대해 알아보았다. 고독한 밤의 사냥꾼 수리부엉이는 다른 새들과 비교해 신체조건만큼이나 살아가는 방식도 독특하다. 한겨울에 알을 낳고 살아가기 위해서는 특별한 방한 대책이 필요한데, 수리부엉이는 이를 어떻게 해결하고 있을까? 수리부엉이는 상대적으로 새끼를 키우는 기간이 긴데, 암컷과 수컷은 어떠한 협력관계를 구축하고 있을까? 그리고 자신의 새끼를 진정한 밤의 제왕으로 키우기 위해 어떻게 양육할까?

이번 장에서는 야행성인 관계로 지금까지 잘 알려지지 않았던 수리부엉이의 독특한 번식 생태를 다루고자 한다. 수리부엉이가 새끼를 키우는 과정을 들여다봄으로써 맹금류가 야생 세계에서 생존하기 위해 어떠한 노력을 하는지 알 수 있는 좋은 기회가 될 것이다.

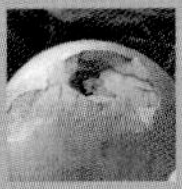

⁝ 암벽지대의 지배자 ⁝

전망 좋은 자리

수리부엉이가 사는 곳은 좀 특이하다. 나무에 둥지를 짓거나 나무 구멍에 둥지를 만들지 않는다. 수리부엉이의 서식지는 주로 바위절벽이나 암벽지대이다. 수리부엉이가 서식하는 곳 어디를 가더라도 암벽을 발견할 수 있다. 자신의 몸색과 유사한 바위가 있는 곳은 수리부엉이가 몸을 숨기기 좋기 때문이다. 어쩌면 암갈색의 몸 색깔과 가장 유사한 곳을 찾다가 바위지대를 발견하고는 '바로 여기구나' 했는지도 모르겠다.

하지만 수리부엉이가 자신이 살 곳을 정할 때 몸을 숨기기 좋다는 이유만으로 바위지대를 택하지는 않는다. 바위지대라 하더라도 앞이 확 트여 있어야 한다. 또한 그 주변에 손쉽게 사냥할 수 있는 땅이 있어야 한다. 수리부엉이는 날개를 펴면 날개 길이가 1.5~2미터에 이르기 때문에 나무가 빽빽하게 들어선 지역에서는 사냥하기 힘들다. 따라서 사냥터로 사용할 넓은 평지나 농경지가 있어야 한다. 결국 수리부엉이가 사는 곳은 깊은 산속이라기보다 산림과 평지가 만나는 언저리라고 할 수 있다.

흔히 사람들은 수리부엉이가 깊은 산속에 산다고 생각한다. 야행성인 수리부엉이가 눈에 잘 띄지 않기 때문에 그런 것 같다. 하지만 실제로는 민가 부근에 서식한다. 밤이 되면 마을에서 수리부엉이의 울음소리를 들을 수 있다. 수리부엉이는 마을 앞산이나 뒷산의 바위지대에서 생활하면서 밤이 되면 농경지나 마을 부근으로 날아와 먹이를 잡아간다.

수리부엉이의 주 서식지가 민가 부근이라는 것은 주로 먹는 먹이가 쥐라는 사실에서도 확인할 수 있다. 새끼를 키울 때 둥지로 가져오는 먹이를 살펴보면 절반 이상이 쥐다. 또한 수리부엉이가 뱉어낸 펠릿을 분석해보아도 쥐뼈가 가장 많이 나온다. 수리부엉이는 큰 덩치에 어울리지 않게 한마디로 '쥐 전문 사냥꾼'이다. 쥐 중에서도 가장 큰 집쥐(시궁쥐)를 많이 잡는다. 이러한 특성으로 인해 수리부엉이와 인간은 불가분의 관계를 맺고 있다. 그리고 이와 관련된 다양한 문화와 갈등을 낳기도 했다.4~5장 참조

수리부엉이 개체수 증가의 진실

최근 들어 수리부엉이에 대한 관심이 늘고 있다. 한동안 잘 보이지 않았기 때문에 발견할 때마다 '○○에 수리부엉이 서식'이라는 제목을 달고 뉴스를 장식한다. 관련 소식이 날로 증가하는 추세에 있으니 반가운 일이 아닐 수 없다.

그렇다면 우리나라에 사는 수리부엉이의 수는 과연 늘었을까? 결론부터

위 | 수리부엉이 둥지(파주).
아래 | 은신처에 앉은 수리부엉이. 수리부엉이와 바위절벽의 색깔이 비슷해 수리부엉이를 찾아내기가 쉽지 않다.

말하면 긍정도 부정도 아니다. 무책임한 발언 같지만 겉으로 드러난 사실만 가지고 개체수 증가를 논할 수 없기 때문이다. 야생동물의 증감을 논하려면 과거의 자료와 현재의 조사가 함께 이루어져야 하는데 어떤 연구기관도 이러한 조사를 실시한 적이 없다. 수리부엉이를 천연기념물 324호로 지정해 보호하고 있지만 현실은 수리부엉이의 서식 실태와 생태에 대한 연구가 공식적으로 한 번도 이루어지지 않았다. 법적 보호뿐만 아니라 실질적인 보호 노력이 뒤따라야 할 것이다.

자연 다큐멘터리 제작을 위해 야외에 나가면 심심치 않게 수리부엉이를 목격할 수 있다. 다른 PD들도 촬영 현장에서 수리부엉이를 만나곤 한다. 그래서 촬영 내용에 예정에도 없던 수리부엉이가 포함되기도 한다. 몇 년 전까지만 해도 상상하지 못했던 일이다. 인터넷 생태 관련 사이트에도 하루가 멀다 하고 수리부엉이 사진이 올라오고 있다. 2000년 이전에는 보고 싶어도 좀처럼 볼 수 없었던 수리부엉이였다.

최근 들어 자주 목격되는 데에는 어떤 이유가 있지 않을까? 우선 야생동물을 관찰하는 사람의 수가 많아졌다. 자연에 대한 관심이 증가하면서 야생동물을 관찰하는 동호회와 야생 새를 관찰하는 탐조회가 늘어났다. 그 결과 각종 동물에 대한 정보들이 쏟아져 나오고 있다. 그중에서도 수리부엉이 관찰이 특히 늘어나고 있다. 한동안 수리부엉이는 그 수가 줄어든 것으로 알려져왔기 때문에 관찰가치가 상대적으로 크다고 할 수 있다. 그래서 수리부엉이를 발견하면 반드시 어디어디에 수리부엉이가 살고 있다고 보고하는 것이다. 이런 관점에서 본다면 수리부엉이 자체는 변함이 없는데 우리 인간의 눈에 수리부엉이가 자주 눈에 띌 뿐이다. 또한 디지털카메라의 보급이 확산되면서 너도나도 경쟁적으로 수리부엉이 사진을 인터넷에 올린 측면도 무시할 수 없다. 전에는 그 존재를 몰랐지만 카메라의 힘으로 인터넷에서 공유하면서 사람들이 이제 '수리부엉이가 많이 늘었네' 라는 느낌을 갖게 된 것은 아닐까? 한마디로 수리부엉이에 대한 착시 현상이 생겼다는 것이다.

그렇다고 최근에 수리부엉이가 증가하지 않았다고 단정할 만한 증거도 없다. 천연기념물을 비롯한 야생동물 보호 노력이 시간이 경과함에 따라 서서히 결실을 보고 있다고 평가할 수도 있다. 요사이는 의도적으로, 즉 박제 목적으로 수리부엉이를 포획하는 경우가 거의 없다. 그 자체가 불법이기 때문이다. 수리부엉이의 개체수 증가를 가로막는 커다란 요인이 제거된 것이다. 뿐만 아니라 근래에는 쥐약이나 청산가리와 같은 독극물을 살포하는 경우가 거의 없다. 이러한 독약들은 과거 수리부엉이에게 2차 중독을 일으키는 주범이었다. 이와 같은 외적 상황을 고려해보면 수리부엉이의 수가 증가할 수 있는 객관적 조건이 형성됐다고 볼 수 있다.

일부에서는 수리부엉이의 서식지 변화를 가지고 설명하기도 한다. 과거에는 산골 깊숙한 곳까지 사람들이 살았다. 한두 채의 외딴집도 심심치 않게 있었다. 화전민들은 산을 개간해 산골에 살았다. 농가나 경작지 주변엔 반드시 쥐가 있었고 수리부엉이는 그런 쥐를 사냥하며 살았다. 그러나 지금은 이런 산골이 없어지고, 논밭을 묵히는 일이 다반사가 되었다. 수리부엉이는 새로운 먹이터와 서식지를 찾아 사람들이 사는 곳으로 진출하게 되었다. 수리부엉이가 강가나 매립지 주변에 모여든 것도 이러한 정황과 무관하지 않다.

수리부엉이의 '서식지 이동설' 에 무게를 두는 관점은 과거에 비해 산림이 우거지면서 산속이 수리부엉이가 살 수 있는 여건이 되지 않아 지금의 서식지로 옮겨왔다는 점을 근거로 든다. 과거에는 산속이라 하더라도 트인 공간이 있었기 때문에 수리부엉이가 서식할 수 있는 공간이 많았다. 그러나 지금은 어떠한가? 산림녹화사업이 효과를 보기 시작하면서 사람들조차 숲 속으로 들어가기 힘들다. 큰 나무들이 산림을 점령하게 되면서 수리부엉이의 주먹이인 멧토끼도 이제 보기 힘들어졌다. 숲이 우거진 곳에는 멧토끼들이 살지 않는다. 나지막한 나무가 많아야 멧토끼들이 살 수 있다. 토끼가 없는 산은 수리부엉이에게도 매력적인 장소가 아니다. 최근 들어 확 트인 들판에서 사는 꿩이 수리부엉이의 주요 사냥감이 되고 있는 것은 이러한 변화와 무관하지 않다.

뛰어난 환경 적응력

사실 수리부엉이의 수가 늘었느냐 늘지 않았느냐에 관한 문제보다 더 중요한 것은 서식공간의 변화가 생겼다는 점이다. 수리부엉이는 환경변화에 매우 잘 적응하는 동물이다. 따라서 서식공간변화에 대한 연구는 수리부엉이의 다양한 생존방식을 이해할 수 있는 기회가 될 수 있다. 야행성이라는 이유로 관심 바깥에 있었던 수리부엉이에게 생물학자들도 이제 손길을 내밀어야 한다.

수리부엉이는 북반구 대부분 지역에 서식하고 있다. 세계 곳곳에 수리부엉이가 산다는 사실은 수리부엉이의 놀라운 적응 능력을 보여준다. 수리부엉이는 먹이가 눈에 띄면 무엇이든 잡아먹는다. 쥐만 잡아먹는 것이 아니라 새를 비롯해, 토끼, 고라니, 너구리, 노루 등 중형 포유동물들도 곧잘 잡는다. 심지어 곤충, 개구리, 게 등이 수리부엉이의 먹이가 되기도 한다. 한

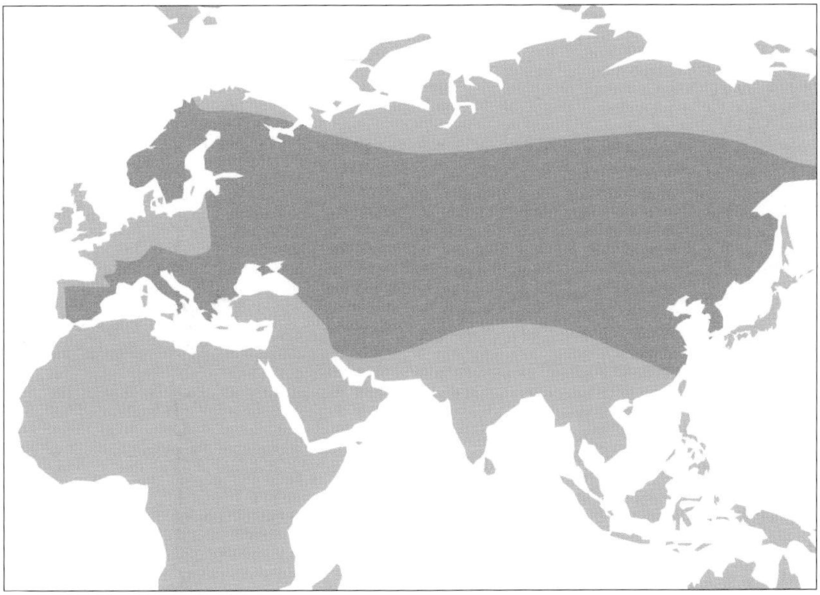

수리부엉이의 분포지역
: ■ 표시

마디로 수리부엉이는 식성이 좋다. 만약 좋아하는 종이 없어지면 주변에 있는 또 다른 종을 잡아먹으며 살아간다.

영어권에서는 수리부엉이를 'opportunist' 라고도 한다. 보이는 것은 무엇이든지 잡는 사냥꾼이라는 의미다. 움직임이 있는 동물이 있으면 수리부엉이에게 사냥할 조건이 갖춰진 셈이다. 그날 배가 고프지 않더라도 먹잇감의 움직임이 포착된다면 수리부엉이는 사냥에 나선다. 그리고 그 먹이를 둥지 부근 어딘가에 저장해둘 것이다. 암컷과 새끼를 위해서…….

수리부엉이는 사냥할 먹이가 있다면 어디든 갈 용의가 있다. 심지어 쓰레기장에 가는 것도 주저하지 않는다. 수리부엉이가 왜 쓰레기장을 찾을까 의아해할 사람도 있겠지만 엄연한 사실이다. 알고 보면 쓰레기장 주변에는 음식물 찌꺼기를 먹기 위해 많은 쥐들이 모여든다. 쥐가 있는 곳에 수리부엉이가 없을 리 없다. 대형 쓰레기 처리장은 수리부엉이에게 패스트푸드 음식점이다. 파주에서 수리부엉이를 촬영하면서 수리부엉이가 쓰레기장으로 모여드는 모습을 처음으로 봤다. 밤의 제왕과 쓰레기장은 뭔가 어울리지 않지만 수리부엉이에게 쓰레기장은 손쉽고 빠르게 먹잇감을 구할 수 있는 훌륭한 사냥터이다.

수리부엉이가 살아가기 위해 필요한 땅은 반경 2킬로미터 정도라고 한다. 그래서 주변에 다른 수리부엉이가 있으면 갈등을 피할 수 없다. 먹이가 충분하다면 문제가 없겠지만 그렇지 않을 경우 자신의 땅을 지키려는 자와 새로운 땅을 차지하려는 자 간에 치열한 싸움이 벌어진다. 수리부엉이가 매일 저녁, 새벽에 울어대는 것도 따지고 보면 자신의 영역을 주장하기 위해서이다. 좋은 땅을 차지하고 잘 관리해야만 진정한 밤의 제왕으로 군림할 수 있기 때문이다.

혹한을 견디는 힘

대부분의 새들은 봄이 되면 짝을 만나고 둥지를 만들어 번식에 들어간다. 하지만 번식 시기는 자신의 먹이나 둥지 만들기 조건에 따라 달라진다. 잠자리를 좋아하는 새호리기는 한여름에 번식을 한다. 잠자리가 하늘 높이 날아다니는 시기가 바로 한여름이기 때문이다. 둥지를 만들기 위해 진흙이 필요한 제비는 논에 물을 잡는 시기에 찾아와 둥지를 짓는다. 반면 수리부엉이는 영하의 추위가 기승을 부리는 1월 한겨울에 알을 낳는다. 언뜻 이해되지 않을 수 있는데, 많은 동물들이 추위를 피해 겨울잠에 들어가는 한겨울에 수리부엉이가 알을 낳는 데는 그럴 만한 이유가 있다.

한겨울의 첫 만남

필자가 야생에서 수리부엉이를 처음 만난 때는 2005년 겨울이다. 그전까지만 하더라도 수리부엉이의 모습을 제대로 본 적이 없었다. 프로그램 제작을 위해 강화도의 한 마을을 찾았다. 그 마을 뒷산에 수리부엉이가 산다는 제보를 받은 것이다. 제보자는 수리부엉이의 존재에 대해 정확히 알고 있는 것 같지는 않았지만 어릴 때 그곳에서 수리부엉이 알을 꺼낸 적이 있다고 했다. 하지만 최근에 그 둥지를 찾아가본 적은 없다고 했다. 불확실한 정보였지만 밑져야 본전이라는 생각으로 안내자의 도움을 받아 산을 올랐다. 마을 뒷산에는 동물들이 많은 듯했다. 5분 정도 걸어가자 고라니 한 마리가 놀라서 뛰어가고, 이윽고 말똥가리도 나무에 앉았다가 날아갔다. 산속을 20여 분 오르자 바위지대가 나타났다. 저곳을 어떻게 오르나 걱정하던 찰나 어딘가에서 수리부엉이 울음소리가 들렸다. 나중에야 알았지만 수컷의 경계음이었다. 암컷에게 '낯선 자가 나타났으니 조심하라'는 신호를 보낸 것이다. 울음소리로 보아 이곳에 수리부엉이가 살고 있는 것이 분명했다. 둥지는 도대체 어디에 있는 것일까? 안내자를 계속 따라가고 싶은 호기심이 생겼다. 금방이라도 굴러 떨어질 듯 아슬아슬한 바위를 타고 가는데 뭔가 큰 물체가 날아갔다. 순간적으로 수리부엉이라는 느낌이 강하게 들었다. 마치 양탄자가 날아가듯 사뿐히 날아갔다. 이윽고 앞서 가던 안내자가 소리쳤다.

"알이 있어요!"

내 눈을 의심할 수밖에 없었다. 맨바닥에는 하얀 알 두 개가 있었다. 수리부엉이 알이 틀림없었다. 이 엄동설한에 알을 낳다니! 운 좋게 수리부엉이 둥지를 찾았다는 기쁨과 암컷이 둥지를 비워 행여나 추운 날씨에 알이 얼지는 않을까 하는 걱정이 교차했다.

며칠 후 다시 그 둥지를 찾아가보았을 때 어미는 알을 품고 있었다. 필자는 그곳에 소형카메라를 설치해 알깨기, 새끼의 성장, 눈이 오는 가운데 새끼를 돌보는 어미 등 여러 장면을 촬영할 수 있었다. 수리부엉이를 처음 만난 것치고는 꽤 많은 성과를 거둔 셈이다.

부화의 조건

수리부엉이는 보통 두세 개의 알을 낳지만 네 개까지 낳기도 하며 그중 한두 마리만 키워낸다. 한마디로 수리부엉이는 소수정예주의자다. 조류가 한겨울에 알을 낳아 부화시키기 위해서는 최소한 두 가지 조건이 충족되어야 한다.

첫째, 알을 따뜻하게 잘 품을 수 있는가? 한겨울에는 조금만 방심해도 알이 얼 수 있다. 따라서 어미가 열을 빼앗기지 않고 품을 수 있어야 한다.

둘째, 먹이 조달에 문제가 없어야 한다. 모든 동물들이 움츠러드는 계절이기 때문에 활동하는 일부 동물들을 놓치지 않고 제압해서 먹잇감으로 만들 수 있어야 한다.

수리부엉이가 1월 한겨울에 번식한다는 것은 위의 두 가지 조건을 해결했다는 뜻이다. 수리부엉이만이 가진 번식 비밀을 하나 둘 풀어보자.

수리부엉이는 몸에서 깃털이 차지하는 비중이 높다. 소리 없이 날기 위

위 | 강화의 수리부엉이 서식지 전경.
아래 | 강화의 수리부엉이 둥지. 재료 없이 땅바닥에 둥지를 만든다. 수리부엉이는 1월경에 한 배에 두세 개의 알을 낳는다.

어미는 새끼가 부화하기 전까지 약 34~35일간 알을 품는다. 번식기가 겨울인 수리부엉이는 따뜻하게 알을 품을 수 있도록 풍부한 깃털을 지녔다.

한 풍성한 깃털은 추위를 잘 견디게도 해준다. 일종의 부차적인 소득이다. 풍성한 깃털은 자신을 보호해줄 뿐 아니라 알의 온도를 일정하게 유지하는 데도 도움을 준다. 여러 겹의 깃털은 둥지의 알 주변을 따뜻하게 감쌀 수 있게 한다. 수리부엉이가 알을 품는 모습을 유심히 살펴보면 가슴쪽 깃털이 앞치마를 두른 듯 아래쪽으로 드리워져 있는 모습을 볼 수 있다. 배쪽으로 찬 바람이 들어오지 못하게 하려는 것이다.

또한 수리부엉이 암컷의 배에는 포란반(배에 털이 없는 부분으로, 알을 품을 때만 털이 빠진다)이 발달해 있다. 포란반을 통해 알에 온기를 전하고 유지한다. 어미의 맨살에서 나오는 체온이야말로 생명을 탄생시키는 일차적인 힘이다. 대부분의 어미 새는 이처럼 온몸으로 알을 품고 새끼를 길러낸다.

깃털은 추운 날씨에도 체온을 빼앗기지 않게 하는 이불 역할을 한다.

알을 품을 수 있는 조건이 구비되었다 하더라도 새끼에게 줄 먹이를 확보할 수 없으면 무용지물이다. 수리부엉이는 알을 낳고 새끼가 깨어나 완전히 독립하기까지 8~9개월의 긴 번식기간을 갖는다. 따라서 먹이의 수요와 공급을 적절하게 맞출 필요가 있다. 수리부엉이 새끼가 가장 많은 먹이를 필요로 하는 때는 알에서 깨어나고 2개월이 되는 시점으로, 둥지를 벗어나 왕성하게 자랄 무렵이다. 계절적으로 보면 4~5월인데 이 시기는 많은 새들이 번식하는 때이다. 따라서 활동량도 엄청나게 늘어난다. 수리부엉이 입장에서 보면 그만큼 먹이 사냥이 수월한 시기이다. 바로 여기에 고도의 번식 전략이 숨어 있다. 수리부엉이는 한겨울에 번식에 들어가 가장 많은 먹이를 필

왼쪽 | 눈 속에서 새끼를 정성껏 품고 있는 어미.

오른쪽 | 둥지 주변을 지키는 수컷.

요로 하는 시점을 다른 동물들의 왕성한 번식 활동 시기에 맞추는 것이다.

수리부엉이가 기본적으로 야행성 새라는 측면에서도 한겨울에 번식하는 이유를 찾을 수 있다. 수리부엉이는 낮에는 쉬고 주로 밤에 사냥한다. 밤이 길다는 것은 수리부엉이가 사냥을 할 수 있는 기회가 많다는 뜻이다. 따라서 밤의 길이가 가장 긴 동지(12월 22일경) 무렵에 번식을 시작해 밤이 가장 짧은 하지(6월 22일경) 전에 중요한 번식 일정을 끝내고자 하는 의도가 숨어 있는 것이다. 여러 측면 가운데 무엇이 우선하는지는 알 수 없다. 긴 진화 과정에서 적응하고 변화하면서 지금의 번식 생태가 완성되었을 것이다. 잡힐 것 같으면서도 잡히지 않는 수리부엉이의 비밀은 그래서 더 매력적인 건지도 모른다.

흰색 알, 진화의 흔적

수리부엉이에 대해 하나 둘 알아가는 과정에서 또 하나의 의문이 생긴다. 수리부엉이의 알은 왜 흰색일까? 모든 동물들은 나름대로 보호색을 띠기 마련인데, 수리부엉이의 흰색 알은 일반적인 생태 흐름에 반한다. 맨땅 위에 그대로 알을 낳으면서 아무런 보호 장치(보호색)가 없다는 것은 뭔가 이상하다. 둥지 없이 땅 위에 알을 낳는 검은머리물떼새나 꼬마물떼새의 알을 보면 얼룩무늬가 있다. 주변 자갈과 비슷하게 보이도록 하기 위해서이다. 수리부엉이의 알이 흰색임을 알았을 때 이는 강자의 오만함이 아닐까 하는 생각이 퍼뜩 들었다. 그렇지 않다면 다른 천적의 눈에 띄기 쉬운 흰색을 선택했을 리가 없지 않은가!

그런데 필자의 생각이 단견임을 알게 된 것은 한참 후의 일이다. 수리부

위 | 검은머리물떼새는 주로 서해안 섬의 해안가에 번식하며 주변의 풀들을 모아 땅 위에 둥지를 마련한다. 알은 얼룩무늬가 있어 주변과 구분이 힘들다.

아래 | 돌과 자갈이 있는 강이나 해안가에서 번식하는 꼬마물떼새는 특별한 재료 없이 땅 위에 둥지를 만든다. 알에는 얼룩 무늬가 나 있다. 천적이 나타나면 알과 새끼를 보호하기 위해 위장행동(다리를 절룩거리는 행동)을 하는 것으로 유명하다.

소쩍새(천연기념물 제324-6호)는 나무 구멍에 알을 낳는데, 5월 초순에서 6월 중순에 네다섯 개의 알을 낳아 암컷이 품는다. 소쩍새 새끼의 모습.

엉이가 속한 올빼미과 새들을 잘 관찰해보면 공통적인 특징을 찾을 수 있다. 우리나라에 사는 올빼미, 소쩍새, 큰소쩍새, 솔부엉이와 같은 올빼미류는 모두가 흰색 알을 낳는다. 이들이 번식하는 둥지는 거의 대부분 나무 구멍이다(요사이에는 빈 까치 둥지에 알을 낳기도 한다). 흰색 알과 나무 구멍에는 어떤 함수관계가 숨어 있다. 나무 구멍 속에 알을 낳으면 알이 흰색이라는 이유로 다른 천적들에게 들킬 염려는 없다. 왜냐하면 밖에서 둥지 내부와 알이 보이지 않기 때문이다. 오히려 흰색 알은 야행성인 올빼미과 새들에게 이점이 있다. 나무 구멍 속은 어둡기 때문에 알이 잘 보이지 않지만, 흰색 알은 어미가 알을 품으러 들어갈 때 눈에 띄기 쉽다. 둥지 안이 아무리 어두워도 알이 흰색이라면 시력이 뛰어난 올빼미류가 충분히 알아볼 수 있다.

위 | 부화하기 시작하는 알(강화). 수리부엉이 알의 부화율은 70퍼센트이다.
아래 | 부화 중인 알(충주). 새끼는 난치를 이용해 알을 깬다.

올빼미과의 수리부엉이는 여러 단계의 진화 과정을 거쳐왔다. 수리부엉이의 오래된 조상도 나무 구멍 속에 알을 낳는 올빼미류였다. 수리부엉이는 진화를 거듭해 나무 구멍이 아닌 땅 위에(바위 틈새든 바위 밑이든) 알을 낳고 있지만, 버리지 않은 이전의 습성이 하나 있다. 바로 흰색 알을 낳는다는 점이다. 이처럼 수리부엉이가 땅 위에 흰색 알을 낳는 모습은 진화의 한 흔적이라고 할 수 있다.

왜 수리부엉이는 흰색 알을 다른 색깔로 바꾸지 않았을까? 알에 얼룩이 있으면 훨씬 더 좋았을 것을……. 혹시 조상이 물려준 것을 개조해가는 과정에서 망각의 단계를 거친 것은 아닐까? 그것도 아니면 알의 색이 하얗다고 해서 크게 문제될 것은 아니라는 판단을 한 것일까? 중요한 것은 아무리 진화의 시계가 흘러갔어도 그 흔적을 지울 수 없다는 사실이다. 수리부엉이가 제아무리 뛰어난 사냥꾼이라고 해도 결국은 올빼미과의 일원이다. 덩치가 커지면서 나무 구멍을 박차고 나왔지만 야행성이면서 흰색 알을 낳는 올빼미과의 피는 여전히 수리부엉이 몸 속에 흐르고 있다.

⁝ 암수의 역할 분담 ⁝

수리부엉이가 둥지로 사용하는 장소는 암벽 틈새나 바위 밑이다. 하지만 둥지를 트는 장소가 어디든지 공통적인 특징이 있다. 둥지 앞쪽은 확 트여 있어야 한다는 점이다. 아래쪽에서 벌어지는 일들을 내려다보기 위해서이다. 암컷이 알을 품고 있으면 수컷은 전망 좋은 나무나 바위에 앉아 경계를 선다. 수리부엉이 사회에서 암컷과 수컷의 역할 분담은 철저하다. 암수는 신체 조건부터 차이가 난다. 암컷은 알을 품기에 유리하게 덩치가 크다(약 3.5킬로그램). 반면 수컷은 사냥과 경계를 하는 임무에 걸맞게 호리호리하다(약 2.5킬로그램).

사냥하는 수컷, 새끼 키우는 암컷

맹금류의 역할 분담은 종에 따라 약간씩 차이가 있다. 수리부엉이의 경우, 수컷이 포란에 참여하는 일은 없다. 암컷은 새끼를 키우는 시기에 거의 사냥을 하지 않는다. 매과의 맹금류인 황조롱이는 수리부엉이와 차이를 보인다. 황조롱이의 경우, 주로 암컷이 알 품는 일을 담당하지만 수컷도 가끔씩 포란에 참여한다. 수컷이 사냥해준 먹이를 암컷이 먹는 동안 잠시 교대해주는 정도이다. 수컷이 알을 품는 모습은 어설프기 그지없다. 그래도 일정 부분 포란에 참여함으로써 수컷으로서 자신의 몫을 다한다. 하지만 새끼에게 먹이를 찢어 먹이는 일은 암컷만 담당한다. 수컷은 사냥 본능만 가지고 있을 뿐이다.

'정지비행' 실력이 뛰어난 황조롱이. 황조롱이는 빠른 날갯짓으로 공중에서 정지하여 먹이를 찾는다.

수리부엉이 수컷의 주 임무는 사냥이다. 암컷이 알을 품고 있으면 하루 한두 차례 먹이를 물어 나른다. 새끼가 알에서 깨어나면 더욱 바빠져 하루 밤에 서너 번 먹이를 물어온다. 수리부엉이 수컷은 전형적인 밤의 사냥꾼이다. 수컷은 쥐 크기 정도의 먹잇감은 손쉽게 낚아채 오른다. 토끼나 꿩 같은 먹이가 있을 때도 낚아채 오르려는 시도를 한다. 반면 암컷은 사냥이 주 임무가 아니다 보니 노련하지 않은 사냥 모습을 보인다. 먹잇감을 낚아채 오르려고 하기보다 덮치는 스타일이다. 몸무게가 많이 나가서 사냥에 자신감이 없어서일까? 암수가 사냥 방식의 차이를 보이는 것은 흥미로운 사실임에 틀림없다. 그러나 야간의 어둠 속에서 유심히 살피지 않으면 이러한 사실을 확인하기 어렵다.

수리부엉이는 둥지를 짓지 않는다. 바닥을 조금 파서 알 낳을 자리를 만드는 정도이다. 둥지의 조건은 바닥에 반드시 5센티미터 정도 두께의 흙이 있어야 한다는 점이다. 아무리 암벽 사이의 틈새라 하더라도 이 원칙은 지켜진다. 돌 위에 그대로 알을 낳으면 돌의 찬 기운 때문에 부화시킬 수 없다.

11~12월에 둥지를 정한다. 비교적 빠른 시기이다. 수리부엉이는 둥지를 정할 때도 암수가 역할을 나누어 맡는다. 수컷은 기존에 쓰던 둥지를 비롯해 새로운 둥지를 암컷에게 선보인다. 암컷은 최종 검사해서 마음에 들면 그 자리를 알 낳을 자리로 정하고 자주 들락거린다. 그러나 암컷의 마음에 들지 않으면 수컷은 또 다른 둥지를 제시해야 한다. 수리부엉이는 대개의 경우 앞선 해에 번식 실패를 맛보지 않았다면 쓰던 둥지를 다시 사용하는 경향이 있다. 안전이 보장된 둥지는 누구나 선호하기 마련이다. 뛰어난 전망을 가지면서도 위장이 잘되는 곳이야말로 노른자위 둥지다. 다른 수리부엉이에게 판다면 몇 배의 권리금을 받을 수 있을 정도다!

수리부엉이는 2~3일 간격으로 알을 낳는데, 첫 번째 알을 낳자마자 바로 알을 품기 시작한다. 포란기간은 35일 전후이다. 알은 순차적으로 깨어난다. 알을 낳은 시점과 품은 기간이 다르기 때문에 알이 깨어나는 시기도 다르다. 알을 네 개 낳았다면 넷째는 첫째보다 일주일 이상 늦게 깨어난다.

따라서 새끼들 간에, 특히 첫째와 막내 간에 크기 면에서 차이가 많이 나는 편이다. 때론 양육 과정에서 예기치 않은 사건이 생기기도 한다. 아직 어린 막내는 먹이경쟁에서 형들에게 밀리기 마련이어서 먹이를 받아먹을 기회가 상대적으로 적다. 새끼가 어릴 때는 골고루 먹이를 나눠주지만 어느 정도 성장한 다음에는 새끼에게 주도권이 있다. 막내 새끼라고 특별히 챙겨주지는 않는다. 따라서 먹이를 제대로 받아먹지 못해 죽기도 한다. 때에 따라서는 막내가 첫째에게 먹히기도 한다. 이런 현상은 수리부엉이뿐만 아니라 맹금류 사회에서도 흔하게 일어난다.

만약 자신의 막둥이를 첫째가 잡아먹는다면 수리부엉이 부모는 어떻게 행동할까? 일반적으로 수리부엉이 부모는 새끼들의 경쟁에 관여하지 않는다. 오히려 소수정예주의자 수리부엉이는 필사적인 경쟁을 유도하는지도 모른다. 알을 두세 개 낳았다 하더라도 모두 다 키워내겠다는 생각을 하지 않는다. 그중 한두 마리라도 잘 키워 야생의 최강자가 되도록 만든다. 다른 새끼에게 먹힐 정도라면 거친 야생에서 살아갈 수 없다. 오히려 경쟁은 거쳐야 하는 필수코스이다. 이러한 모습을 보고 많은 사람들은 애처로움과 야생의 비정함을 느낀다. 그렇다고 너무 '인간적인' 시선으로 볼 필요는 없다. 새끼들 간의 생존경쟁에서 이기는 자만이 야생의 세계에서도 살아남을 수 있을 테니까.

새끼를 키우는 시기에 수리부엉이의 암수 역할은 뚜렷하다. 암컷은 새끼가 한 달이 될 때까지 둥지 안에서 새끼를 돌본다. 따스한 햇살이 비치는 날에는 가끔 둥지를 비우기도 한다. 바람이 불고 날이 차가워지면 잽싸게 다시 둥지에 들어온다. 겨울에서 봄으로 바뀌는 계절이라 날씨 조건에 맞게 새

위 | 새끼는 둥지에서 약 7주간 어미의 보살핌을 받으며 성장한다. 수컷은 사냥을 전담하고, 새끼를 보살피는 것은 암컷의 몫이다.
아래 | 수컷이 사냥해온 먹이를 어미가 새끼에게 직접 찢어 먹여준다. 맹금류의 경우, 암컷에게만 찢어 먹이는 본능이 발달했다.

끼를 돌보는 것이다. 이 시기에 암컷은 먹이공급을 전적으로 수컷에게 의존한다. 수컷으로부터 둥지 밖에서 먹이를 전달받기도 하고, 수컷이 둥지 안으로 직접 가져오기도 한다.

역할 분담은 의외의 결과를 낳기도 한다. 암수 어느 한쪽이라도 문제가 생기면 번식은 실패로 이어진다. 다른 쪽에서 대신할 수 없기 때문이다. 우선 암컷에게 문제가 생기면 그 새끼가 있는 둥지는 끝이다. 수컷은 둥지의 새끼를 돌보지도 않을 뿐만 아니라 돌볼 수도 없기 때문이다.

만약 수컷에게 문제가 생기면 어떻게 될까? 새끼가 어느 정도 자랐다면 암컷이 돌볼 수도 있을 것이다. 하지만 새끼가 어리다면 상황은 다르다. 어린 새끼를 두고 어미가 사냥을 나갈 수 없기 때문에, 수컷이 먹이를 가지고 나타날 때까지 기다린다. 당장은 저장해둔 먹이를 먹겠지만, 언제나 배가 고픈 새끼들은 어미를 늘 보챈다. 어미 또한 밤새도록 수컷에게 먹이를 가져오라는 신호를 보내며 둥지를 들락거리며 초조해한다. 이 상황이 며칠 동안 지속된다면 새끼는 죽고 말 것이다.

삶과 죽음이 교차하는 곳

수리부엉이는 먹이를 먹지 않고 며칠이나 견딜 수 있을까? 최대치를 말하기는 힘들다. 촬영을 하다 보면 먹이 때문에 어려움에 처하는 경우를 종종 보게 되는데, 수리부엉이가 사육 상태에서 10일 동안 아무것도 먹지 않고 살아 있는 것을 관찰한 적이 있다. 독수리는 번식기에 15일 이상 먹이를 먹지 않고 견딜 수 있다. 맹금류가 비교적 오랫동안 견딜 수 있는 것은 평상시 그런 상황에 적응돼왔기 때문이다. 야생에서는 굶는 날이 의외로 많다. 비가

오거나 눈이 오는 날은 사냥하기 힘들다. 또한 사냥을 시도한다고 해서 항상 사냥에 성공하는 것은 아니다. 그래서 사냥한 것을 숨겨두고 꺼내먹는 습성이 생겼다. 한동안 먹지 않아도 견딜 수 있게 신체조건도 적응시켜 놓는다. 몸속에 저장해둔 에너지를 다시 쓰는 것이다.

수리부엉이는 돌보던 새끼가 죽으면 자신이 먹기도 한다. 촬영을 하던 중에 새끼가 죽는 일이 있었다. 한참 동안 죽은 새끼를 보듬던 어미는 결국 죽은 새끼를 먹기 시작했다. 갑작스런 행동에 제작진은 놀라지 않을 수 없었다. 아무리 죽은 새끼라고 하지만 어떻게 어미가 자신의 새끼를 먹을 수 있단 말인가. 끔찍스런 행동에 촬영감독은 모니터를 덮고 말았다. 물론 녹화는 되고 있었다. 어미는 죽은 새끼를 먹어치운 다음 둥지를 떠났다. 둥지에 남은 알은 확인해본 결과 무정란이었다. 만약 다른 새끼가 있었다면 끝까지 돌보았을 것이다.

수리부엉이 어미는 왜 죽은 새끼를 먹는 것일까? 연구 결과에 의하면, 에너지를 보충하기 위해서이다. 죽은 새끼는 자신이 키웠고, 그 과정에는 생명을 키워내기 위한 무수한 에너지가 투입되었다. 따라서 어미 입장에서는 죽은 새끼도 하나의 에너지인 셈이다. 번식 과정에서는 그 어떤 에너지도 헛되이 놔둘 수 없는 것이다. 이는 새로운 번식을 위해 힘을 비축하는 과정으로 이해할 수 있다. 자연계에서 삶과 죽음은 결코 둘로 분리될 수 없는 하나이다.

죽은 새끼를 먹는 행동은 수리부엉이에게만 나타나는 것이 아니라, 다른 맹금류에게도 공통적으로 나타난다. 붉은배새매도 죽은 새끼를 먹는 것으로 관찰되었다. 새끼의 죽음이 어쩔 수 없는 것이라면 과감히 포기하고 다

음 행보에 나서는 것이다. 오직 번식의 성공을 위해 그 어떤 행동도 주저하지 않는 맹금류의 모습에서 현실주의적인 면을 읽는다. 야생을 주름잡는 또 하나의 강자를 키워내는 것이 그리 녹록지 않은 것이다. 수리부엉이를 비롯한 맹금류의 현실적인 행동은 야생의 세계에서 살아가면서 생존을 위해 터득한 지혜일 것이다.

죽은 새끼를 먹는 행동은 수리부엉이, 붉은배새매 등 맹금류에게 공통적으로 나타난다.

특별한 둥지 떠나기

수리부엉이의 번식기간은 긴 편이다. 1월에 알을 낳아 9월에 새끼가 독립하면서 끝나는 대장정이다. 수리부엉이는 덩치가 크다 보니 성장하는 데도 많은 시간이 걸린다. 새끼는 흰 털을 가진 채 알에서 깨어난다. 알을 품어주는 것은 어미이지만 새끼 스스로 알을 깨고 나와야 한다. 새끼의 부리 끝에는 난치卵齒가 발달해 있는데, 새끼는 난치를 이용해 알을 깬다. 어린 새끼에게는 고된 일이지만 세상에 나오기 위해서는 반드시 거쳐야 하는 일이다. 어미는 어느 정도 알이 깨어지면 밖에서 쪼아주며 새끼가 알에서 나올 수 있도록 도와준다. '줄탁동기啐啄同機' 라는 말이 바로 여기서 나왔다. 새끼와 어미가 동시에 자기 몫을 다할 때 위대한 탄생이 이루어지는 것이다. 부화 후 2주가 지나면 새끼의 부리 끝에 돋아났던 난치는 자연스럽게 사라진다. 이 시기는 새끼가 눈을 뜨는 시점이기도 하다.

어미의 보살핌으로 성장하는 새끼는 한 달이 되면 새로운 경험을 시작한다. 둥지를 들락거리며 바깥 구경을 한다. 은신처를 옮겨다니며 어미의 먹이를 받아먹는다. 절벽이 아닌 바위 밑에 둥지를 틀었다면 이 시기에 둥지를 떠나기도 한다. 또한 위협을 느끼고 있다면 둥지 떠나기는 더 빨라질 수 있다. 바위 틈새에 둥지를 틀었을 경우에는 보통 부화 후 7~8주가 되어야 둥지를 떠난다.

새끼는 부화 후 한 달 정도가 되면 쥐를 통째로 삼킬 수 있다. 아직 뽀송뽀송한 솜털을 가진 새끼가 쥐를 삼키는 모습을 보고 있으면 그저 놀라울 뿐이다. 어떻게 제 덩치만한 쥐를 삼킬 수 있을까? 먹이를 일단 삼키기만 하면 소화는 문제 없다. 영양분을 섭취하고 남는 뼈나 털은 덩어리 형태로 입으로 토해낸다. 펠릿을 토해내는 것은 맹금류의 특징 중 하나이다. 수리부엉이가 털을 함께 먹는 것은 위와 목에 상처가 생기는 것을 막기 위해서이다. 펠릿은 하루에 두 번 가량 해질 무렵 은신처나 사냥터에서 토한다.

부화 후 7~8주가 되면 새끼들은 제법 활발해져 날갯짓도 힘차게 할 수 있다. 둥지를 떠날 시기가 다가 온 것이다. 둥지에 오래 머물면 다른 천적의 공격을 받을 염려가 있다. 하지만 수리부엉이 새끼는 다른 새들처럼 날아서 둥지를 떠날 수 없다. 덩치가 커서 아직 날 수 없기 때문이다. 거의 두 달을 먹고 자랐는데도 날 수 없다니! 수리부엉이만이 갖는 비애다. 수리부엉이는 날 수 있을 때까지 기다리기보다 걸어서 둥지를 떠나는 방식을 택한다. 걸어서 둥지를 떠나는 모습은 인간이 두 발로 걸어다니는 모습과 흡사하다. 수리부엉이는 여러 가지 측면에서 우리 인간을 닮았다.4장 참조

수리부엉이는 털과 함께 먹이를 먹는다. 소화되지 않은 뼈나 털 등은 덩어리 형태로 토해낸다.

필자가 파주 지역에서 관찰한 바에 의하면, 수리부엉이 새끼는 하룻밤에 걸어서 150~200미터 가량을 이동했다. 어린 새끼에게 이 정도의 거리는 10킬로미터 장거리 경주와 같다. 이동 중에 너구리라도 만난다면 제삿날이 될지도 모를 일이다. 하지만 살기 위해서는 걷는 것 외에 다른 방도가 없다. 제 부모는 목표 지점까지 인도해줄 뿐 대신 걸어줄 수 없다. 새끼 스스로의 몫이다. 새끼들이 고되게 움직여 당도한 곳은 또 다른 절벽이다. 둥지가 있던 곳보다 더 높고 더 안전하다. 이곳에서 어린 새끼는 부모가 물어다주는 먹이를 먹으며 수리부엉이로 사는 데 필요한 능력을 키운다.

새끼들은 절벽에 옹기종기 모여 어미를 기다린다. 어미가 주변에 먹이를 가져오면 기척을 알아채고 일제히 '딱~딱~' 소리를 낸다. 자신에게 먹

왼쪽 위 | 부화 후 3일. 수리부엉이 새끼는 겨울에 태어나는 탓에 솜털이 난 채 부화한다.
오른쪽 위 | 부화 후 5일. 새끼는 부화 후 2주가 되어야 눈을 뜬다.
왼쪽 아래 | 부화 후 2주. 수리부엉이 새끼와 어미.
오른쪽 아래 | 부화 후 4주. 한 달 가량이 되면 호기심 가득한 눈으로 세상 구경을 하기 시작한다.

왼쪽 위 | 부화 후 5주. 쥐를 삼키는 어린 수리부엉이.
오른쪽 위 | 부화 후 6주. 제법 맹금류다운 자세가 나온다.
왼쪽 아래 | 부화 후 6주. 사람이나 너구리 등이 접근하면 날개를 펴 몸을 크게 보이게 하거나 '딱~딱~' 소리를 내는 경계행동을 보인다.
오른쪽 아래 | 부화 후 7주. 아직 날 수 없는 새끼는 걸어서 둥지를 떠난다.

이를 달라는 신호이다. 주변에 위험한 일이 생겼을 때도 '딱~딱~' 소리를 낸다. 자신을 더 크게 보이기 위해서 날개를 부풀리기도 한다. 새끼들의 활동 모습을 촬영하기 위해 카메라를 설치한 적이 있는데, 이 카메라를 보고도 아주 예민한 반응을 보였다. 금방이라도 덤벼들듯 날개를 활짝 펴 '딱~딱~' 소리를 냈다. 자신보다 큰 물체에 대해 경계 자세를 보인 것이다. 이튿날이 되자 카메라에 적응을 했는지 신경쓰지 않았다.

새끼가 둥지를 떠나고 나면 어미는 더 이상 새끼를 품어주지 않는다. 주변에서 경계만 선다. 만약 누군가 새끼 쪽으로 접근한다면 '꽥꽥~' 소리를 질러 새끼들에게 위험을 알린다. 그래도 접근하면 직접적인 공격도 서슴지 않으므로 아주 조심해야 한다. 자칫 근접해서 어미를 자극하면 머리를 쪼일 수도 있다.

수컷이 먹이를 사냥해오면 어미가 먹이를 받아와서 전해주기도 하고, 수컷이 직접 새끼들에게 주기도 한다. 먹이를 뜯어먹는 것은 새끼들 스스로의 몫이다. 살아남기 위한 새끼들의 투쟁은 본격적으로 진행된다. 새끼들이 날기 시작하면 비로소 어미도 사냥에 동참한다. 어미가 돌봐주지 않더라도 새끼 스스로 위험을 피할 수 있기 때문이다.

: 사냥연습과 독립비행 :

수리부엉이를 오랫동안 관찰하면서 필자는 수리부엉이 새끼들이 외롭겠구나 하고 생각한 적이 있다. 동물의 새끼라고 하면 부모가 먹이를 가져왔을 때 입을 짝 벌리며 먹이를 받아먹는 장면을 연상한다. 하지만 수리부엉이는

부화 후 9주 된 어린 수리부엉이.

대개 한두 마리가 멀뚱멀뚱 어미를 기다리는 것이 전부이다. 가끔 고개만 빙빙 돌릴 뿐이다. 혹시 촬영하는 사람들이 자기를 해치지나 않을까 초점을 맞추는 것이다. 이 모든 것은 수리부엉이가 소수정예주의를 표방하면서 생긴 현상이다. 수리부엉이는 많은 새끼를 키우지 않는다. 오히려 잘난 놈 한 마리라도 제대로 키워보려는 속셈이다. 분산투자를 통해 그중 잘되는 새끼를 얻어보겠다는 전략(이것은 절대로 손해를 보지 않겠다는 전략이다)을 구사하지 않는다. 오히려 집중투자를 통해 제대로 된 밤의 제왕을 키우겠다는 의지가 포함돼 있다.

그러나 수리부엉이가 언제나 집중투자만을 고집하는 것은 아니다. 수리부엉이를 촬영하면서 줄곧 네 개의 알을 낳는 녀석을 본 적이 있다. 이 둥지

수리부엉이로는 드물게 새끼가 네 마리였던 가족. 먹이를 먹으려는 새끼들 간의 생존경쟁이 치열하다.

는 언제나 활기가 넘쳤다. 다른 둥지에서 보이는 고요함보다는 서로 먹이를 먼저 차지하려는 소란함으로 가득했다. 네 개의 알을 낳는 지역은 분명 주변의 먹이 조건이 양호했을 것이다. 그렇다고 네 마리의 새끼 모두가 건강하게 성장해 독립에 성공하는 것만은 아니다. 이러한 둥지조차 성장 과정에서 나약한 새끼들은 도태되어, 결국에는 살아남는 새끼가 한두 마리밖에 되지 않는다. 야생에서 산다는 것은 그만큼 험난한 과정이다.

수리부엉이 새끼들은 둥지에서 벗어나 두 주 정도(부화 후 9주)가 지나면 날기 시작하는데, 이때부터 치열한 생존경쟁을 펼친다. 처음에는 몇 미터밖에 날지 못하지만 차츰 거리를 늘려간다. 날개에 힘이 붙으면 먼 거리를 이동하기도 한다. 본격적인 비상은 생존 차원에서 일어난다. 더 빨리 더 멀리

수리부엉이 새끼들이 서로에게 의지하며 길고 긴 장마를 견디고 있다.

나는 자만이 먹이를 차지할 수 있다. 어미는 먹이를 가지고 먼 곳에서 기다리기도 한다. 새끼들이 먹이를 받으러 날아오도록 유인하는 것이다. 배가 고픈 새끼는 날아오지 않을 수 없다. 이를 통해 새끼들의 비행능력은 날로 향상된다. 새끼가 여러 마리일 경우 새끼들 간의 먹이 경쟁은 더욱 치열해진다. 먹이는 먼저 차지한 새끼의 몫이다. 먹이를 먹지 못한다면 경쟁에서 낙오돼 죽을 수밖에 없다. 약한 새끼에 대한 배려는 없다. 이처럼 치열한 생존경쟁을 통해서 새끼는 단련되고 성장한다.

울어대고 잡아보고 노려보고

새끼들에게 울음은 중요한 수단이다. 먹이를 받아먹기 위해서 '치익~

치익~' 하고 부모에게 자신의 위치를 알린다. 새끼들은 더 크고 우렁차게 울어대야 한다. 우는 아이 젖 한 번 더 준다고 했던가. 그래야만 부모가 먹이를 한 번이라도 더 가져다줄 것이다. 새끼들은 밤새도록 울어댄다. 새끼가 하룻밤에 우는 횟수는 1,000번이 넘는다. 한 조사에 의하면 최고 1,107번을 울었다고 한다. 새끼가 울어서 자신의 위치를 알리지 못한다면 부모는 먹이를 가져다주지 않는다. 제대로 소리를 내지 못하면 받아먹는 먹이양은 줄어들고, 결국은 도태되고 말 것이다.

수리부엉이 사회에서 소리는 그 어떤 동물 사회보다 중요하다. 매일 밤이면 사냥을 위해서 소리에 귀 기울인다. 또한 '부엉~부엉~' 우는 것은 수리부엉이의 일상사다. '부엉~' 하는 울음으로 하루를 시작해 '부엉~' 하는 울음으로 하루를 끝낸다. 새끼도 오직 우는 것을 위해 태어난 것처럼 '치익~치익~' 밤새도록 운다. 수리부엉이에게 소리는 생존의 소리이다.

새끼들이 야생에서 살아남기 위해서는 스스로 터득해야 할 것이 많다. 기본적인 본능은 타고나는 것이지만 스스로 단련을 통해 강자가 된다. 수리부엉이 새끼들은 부화 후 두 달 정도가 되면 먹이 이외의 다른 물건을 잡는 연습을 한다. 나무, 깃털, 풀 등 닥치는 대로 잡아보고 물어본다. 그런 과정에서 발톱과 부리의 힘을 키운다. 부모는 가끔씩 살아 있는 먹이를 새끼들에게 가져다주고 먹이를 다루도록 유도한다. 그렇다고 직접적으로 가르치지는 않는다. 새끼는 부모를 보고 따라하면서 사냥 능력을 키워간다.

새끼가 여러 마리일 경우, 경쟁에서 뒤처지는 새끼도 있기 마련이다. 그러나 부모는 그 부분에 대해서는 냉정하리만큼 무신경하다. 부모는 먹이를 달라고 신호를 주는 새끼에게만 관심을 보인다. 성장이 빠른 새끼는 사

위 | 새끼는 사냥 훈련을 할 때도 부모로부터 먹이를 공급받는다. 어미로부터 토끼를 건네받는 새끼.
아래 | 부화 후 3개월. 제 부모 모습 그대로 성장했다. 그러나 아직까지 어린 깃털이 남아 있다.

냥 연습도 빠르다. 이 순간부터 새끼들 간에 형제는 없다. 오직 경쟁 상대일 뿐이다.

부화하고 석달이 지나면 솜털이 다 없어지고 외형상 제 부모와 같은 모습을 갖춘다. 이제 사냥능력을 키우기만 하면 된다. 맨 처음 배우는 것은 낯선 물체가 보일 때 고개를 흔들어 초점을 맞추는 일이다. 초점을 맞추려는 행동을 하는 것은 가까이 있는 사물이 잘 보이지 않는다는 증거다. 사람은 나이가 들면 앞에 있는 것이 잘 보이지 않는 노안이 와서 신문을 볼 때 신문을 멀리 내민다. 수리부엉이 새끼들은 고개를 빙빙 돌림으로써 초점을 맞추는 노력을 한다.

그러나 사냥꾼으로 성장하는 과정은 험난하기만 하다. 이제 막 날기 시작한 새끼들에게 날아서 먹이를 낚아챈다는 것은 한 단계를 뛰어넘는 일이다. 곤충이 애벌레에서 성체로 거듭나기 위해 거치는 고난의 우화羽化, 날개돋이에 비유될 수 있다. 제 몸 하나 이제 겨우 간수하는데 사냥까지 해야 한다는 것은 과한 요구인지도 모른다. 하지만 야생의 사냥꾼으로 살아남으려면 반드시 거쳐야 할 과정이다.

야생을 향한 날갯짓

필자는 수리부엉이 새끼들이 사냥 능력을 배우는 모습을 바로 앞에서 생생하게 목격했다. 시기적으로 6월 중순, 성장 단계로 보면 부화 후 약 100일을 넘어서면서 새끼들은 사냥에 나서기 시작했다.

은신처 주변에서 어미를 기다리는 수리부엉이 새끼는 움직이는 것이 보이면 무엇이든 관심을 보인다. 나방이 날아다녀도 고개를 돌리고, 풀 사이에

서 움직임이 조금이라도 감지되면 그곳을 향해 호기심을 보인다. 가끔씩 사냥감이 될 만한 대상을 덮치는 행동을 하기도 한다. 처음에는 잡는 수준이라기보다는 노닥거리는 수준이다. 하지만 발에 힘이 붙기 시작하면 상황은 달라진다. 힘차게 움켜쥐어 제압하기도 한다. 개구리나 쥐 정도면 충분히 잡을 수 있을 정도가 된다.

부화 후 3개월이 되면 새끼들은 낯선 물체가 보이면 고개를 빙빙 돌리며 초점을 맞추는 훈련을 한다.

문제는 움직이는 먹이를 새끼가 어떻게 낚아채느냐이다. 촬영장 주변에 너구리 새끼가 나타난 적이 있었는데, 수리부엉이 새끼 한 마리(부화 후 110일경)가 너구리 새끼에게 관심을 보였다. 처음에는 너구리 새끼 주변에 가서 덮치는 행동을 했다. 물론 빈번히 실패했다. 다 큰 녀석이 너구리 새끼 앞에서 쩔쩔매는 모습은 우스꽝스럽기까지 했다. 그러나 천릿길도 한 걸음부터

다. 수리부엉이 새끼는 이제 높은 곳에 올라가 너구리를 노리는 것이 아닌가. 고개를 빙빙 돌리면서 너구리 새끼를 겨냥하고 있었다. 제대로 공격이나 할 수 있을까 생각하고 있는데, 어느새 새끼는 너구리에게 돌진해버렸다. 물론 실패였다. 마음만 급했지 제대로 움켜쥐지 못한 것이다. 그러나 끈질기게 달려들기를 몇 번 반복하더니 드디어 너구리 새끼를 발로 들어올리는 데 성공했다. 대단한 집념이었다. 하지만 그날의 훈련은 거기까지였다. 너구리가 발버둥치는 바람에 놓치고 만 것이다. 비록 너구리 사냥에는 실패했지만 미숙한 수리부엉이가 성장해가는 과정을 고스란히 목격한 순간이었다.

그 후에도 계속 새끼가 커가는 모습을 관찰했다. 4개월이 지났을 무렵 필자는 새끼가 제 부모처럼 쥐를 손쉽게 낚아채는 모습을 목격했다. 이는 먹잇감에 소리 없이 접근해 사냥하는 방법을 터득했다는 증거였다. 수리부엉이로 태어나 4개월 만에 사냥꾼으로 거듭난 것이다. 아주 능숙하지는 않지만 수리부엉이로서 기본적인 능력을 갖춘 것이다. 그 후로도 수리부엉이 새끼는 여러 차례 사냥에 성공했다. 심지어 꿩이나 고라니 새끼까지 너끈하게

사냥했다. 새끼는 온갖 시련을 다 견디고 나서야 온전한 사냥꾼이 되었다. 하지만 그전보다 횟수가 줄어들긴 했으나, 여전히 제 부모는 새끼에게 먹이를 가져다주었다.

사냥 훈련이 지속되면서 서서히 성장이 완성된다. 어미가 먹이를 가져다주는 것보다 스스로 먹이를 잡는 빈도가 높아진다. 수리부엉이로서 모든 성장이 끝난다는 것은 부모로부터 벗어나야 한다는 것을 뜻한다. 사람이 성인이 되면 부모 품을 떠나듯이 수리부엉이는 부화 후 5~6개월이 되면 (9~10월경) 부모를 벗어나 독립한다. 새끼가 완전히 성장했다는 것은 부모 수리부엉이의 할 일이 끝났음을 뜻한다. 벼가 익어 가면 추수를 하듯이 수리부엉이에게도 이제 고단한 한해의 농사가 끝난다. 또한 부모 새의 입장에서는 후세를 낳아 길러내야 한다는 수리부엉이족으로서의 의무를 다한 것이기도 하다.

새끼의 독립은 수리부엉이에게 어떤 느낌일까? 한겨울 엄동설한에 알을 낳아 품고 키우며, 모든 비바람을 다 맞으면서도 새끼 양육을 포기하지 않았

3 4 부화 후 4개월 정도가 되면 새끼들은 사냥연습을 하며 야생의 밤을 군림할 준비를 한다. 너구리를 향해 돌진하는 새끼의 모습.

던 수리부엉이가 아니던가. 하지만 새끼는 거대한 환송식을 받으며 떠나는 것이 아니라 내몰리듯이 떠난다. 수리부엉이라는 종에게 각인된 유전자는 부모와 자식이 한 공간에 존재하는 것을 용납하지 않도록 설계돼 있다. 함께 사는 이익보다 가급적이면 멀리 떨어져 사는 것이 유리하다는 것을 본능적으로 알고 있다. 같은 세력권 내에서 한정된 먹이를 두고 갈등하지 않고, 근친교배로 인한 멸종을 스스로 막는 방법이기도 하다. 그래서 부모 수리부엉이는 새끼를 매몰차다 싶을 정도로 내쫓는다. 하나의 영토에 두 마리의 제왕이 있을 수 없다. 성장이 끝난 새끼는 부모의 경쟁자일 뿐이다.

야생을 향한 수리부엉이의 비행.

새끼는 어디론가 떠나간다. 그곳이 어디일지는 아무도 모른다. 미지의 세계를 떠돌다가 주인 없는 영토를 차지하거나 약한 주인을 내몰고 그곳의 주인이 될 것이다. 한 연구에 의하면, 어떤 수리부엉이 새끼가 자신이 태어난 지역에서 200킬로미터나 떨어진 곳까지 날아갔다고 한다. 날아서 200킬로미터를 이동하는 것은 새에게 그리 어려운 일이 아니다. 이러한 행동은 가급적이면 부모로부터 멀리 떨어진 곳에서 새로운 짝을 만나 유전적 다양성을 확보하려는 노력의 산물이다. 수리부엉이를 포함해 모든 야생동물의 행동 기저에는 고도로 계산된 생존 원리들이 숨어 있음을 알 수 있다. 그래서 자연은 그 자체로 위대한 것이다.

수리부엉이의 10가지 특징

1 | 수리부엉이는 야행성이다.

2 | 수리부엉이는 암수가 평생 함께 산다.

3 | 암컷은 수컷보다 더 크고 몸무게도 많이 나간다.

4 | 수리부엉이는 몸을 움직이지 않고 고개를 270도 정도 돌릴 수 있다.

5 | 수리부엉이는 눈동자를 움직이지 못한다.

6 | 수리부엉이는 눈꺼풀이 세 개로, 윗눈꺼풀, 아랫눈꺼풀, 순막으로 이루어져 있다. 각각 눈을 깜박일 때, 잠잘 때, 눈을 청소할 때 사용한다.

7 | 뛰어난 청각 능력 덕분에 먹잇감의 정확한 위치를 계산해낸다.

8 | 수리부엉이의 깃털은 날 때 소리를 내지 않도록 설계돼 있다. 그래서 먹잇감에 은밀하게 접근할 수 있다.

9 | 수리부엉이는 북반구의 거의 모든 지역에 산다.

10 | 수리부엉이는 맹금류로서 살아 있는 먹이를 사냥한다. 특히 쥐의 수를 적절하게 조절해주기 때문에 인간에 이롭다.

3

수리부엉이의 부부생활

야생동물의 경우, 암컷과 수컷의 관계 형태는 생존 조건에 따라 천차만별이다. 일부일처제, 일부다처제, 일처다부제 등 다양한 부부관계를 볼 수 있다. 그중 수리부엉이는 암컷과 수컷이 한번 부부관계를 맺으면 평생 함께 살아가는 일부일처제이다. 일반적으로 인간이 살아가는 부부형태와 유사하다.

수리부엉이와 같은 새가 한번 부부가 되면 평생 부부로 살아간다는 것 자체가 특별한 관심을 끈다. 그렇다면 텃새로 살아가는 수리부엉이 암수는 평생 동안의 부부관계를 유지하기 위해 어떠한 노력을 하고 있을까? 이번 장에서는 수리부엉이의 '은밀한' 부부관계를 자세히 들여다보고자 한다. 자신의 유전자를 후세에 남기기 위한 필사적인 노력이 수리부엉이의 부부관계에도 여실히 드러난다. 지금까지 생각해왔던 야생동물의 모습과는 아주 다른 면모와 미주하게 될 것이다.

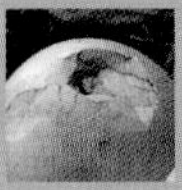

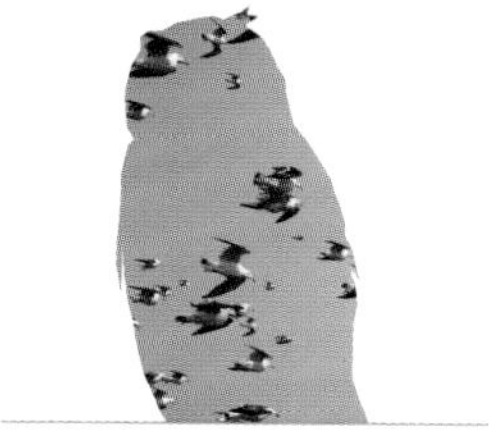

이중창의 계절

수리부엉이는 우리나라에 사는 대표적인 야행성 조류이다. 낮에는 바위틈 한구석에 우두커니 앉아 휴식을 취하다가 해가 기울기 시작하면 서서히 움직인다. 그 첫 번째 움직임은 "부엉~" 하는 울음소리로 시작된다. 수컷이 신호를 보내면 암컷도 한 귀퉁이에서 화답한다.

"우엉~"

서로의 안부를 확인한 수리부엉이는 기지개를 펴고 털을 다듬으며 본격적인 활동을 준비한다. 그런데 실제 현장에서 자세히 관찰해보면 수리부엉이 암수가 수시로 신호를 주고받는 것을 알 수 있다. 다시 말해 낮 동안에도 한두 시간 간격으로 짧게 울음소리를 내서 아무 탈이 없는지 확인한다. 일부일처제인 수리부엉이 사회에서 부부는 작은 움직임조차 서로 챙기며 배려한다. 심지어 위험한 상황이 생기면 먼저 알아차린 쪽에서 신호를 보내 위험을 대비하게 하기도 한다. 부부는 배려 속에서 신뢰를 싹틔우며 종을 유지한다.

수리부엉이의 새끼 양육 기간은 꽤 긴 편이다. 새끼들은 약 5~6개월 정도가 지나야 스스로 사냥하며 독립할 준비를 끝낸다. 계절적으로 보면 9월 전후이다. 새끼가 부모의 곁을 떠난다는 것은 중요한 의미가 있다. 하나의 생태 주기가 끝나는 동시에 새로운 생태 주기가 시작된다는 뜻이다. 일 년간의 자식농사를 끝낸 수리부엉이 암수는 서로에 대한 믿음을 재확인하며 다음해를 준비한다.

필자는 경기도 파주 지역에서 8월 중순경에 구애울음소리가 시작되는 것을 목격했다. 암수 두 마리는 높은 곳에 앉아 크게 울어댄다. 수컷이 울면, 암컷이 화답하고, 암컷이 울면 수컷도 덩달아 답가를 한다. 수리부엉이 암수 두 마리가 이처럼 연속해서 우는 것을 이중창이라고 한다. 이러한 이중창의 목적은 지금 살고 있는 지역이 자신의 세력권임을 야생 세계, 즉 다른 수리부엉이들에게 알리는 것이다. 또한 서로가 부부 사이임을 재확인하는 시간이기도 하다.

수리부엉이가 우는 소리를 잘 들어보면 암수 간에 차이가 나는 것을 확인할 수 있다. 수컷은 굵고 낮은 톤의 소리를 낸다.

"부엉~"

반면 암컷은 높고 가는 톤의 소리를 낸다.

"우엉~"

암컷의 울음소리는 언뜻 들으면 수컷과 구별하기 힘들지만 자세히 들으면 '우엉~'에 가깝다. 음악적으로 표현하면 성악에서 남자가 내는 바리톤이 수컷 울음소리이고, 여자가 내는 소프라노가 암컷이 내는 울음소리이다.

동물이나 사람이나 암수의 소리 형태는 비슷함을 알 수 있다. 처음 들어서는 암수의 소리를 분간하기 힘들지만, 반복적으로 듣다 보면 어느 정도 구분할 수 있게 된다.

수리부엉이마다 소리에 약간씩 차이가 나기도 한다. 사람들도 목소리에 조금씩 차이가 나듯이 수리부엉이도 예외가 아니다. 높은 소리, 낮은 소리, 가는 소리, 굵은 소리 등 다양하다. 우리 인간이 사투리를 쓰는 것과 다를 것이 없다. 실제로 수리부엉이가 짝을 인식하거나 새끼를 인식하는 데 소리는 아주 중요하다. 평소 기억하고 있던 소리를 통해 부부임을 확인하고, 자신의 새끼와 부모를 인식한다. 소리는 야생동물에게 생존을 위한 가장 중요한 수단이다.

수리부엉이 부부는 수시로 울음소리를 주고 받으며 서로의 안부를 확인한다. 바위에 앉아 암컷을 부르는 수컷.

달밤의 노래

수리부엉이 암수의 이중창은 시간이 흐를수록 더욱 빈번해진다. 가을 추수가 한창인 시기에 수리부엉이는 새로운 번식을 위해 사랑을 키워간다. 달밤에 나누는 사랑의 세레나데는 가을밤을 아름답게 수놓는다. 수리부엉이는 이중창을 하는 10월에도 빈도수는 낮지만 서로의 신뢰를 확인하는 차원에서 교미를 한다.

'부엉~부엉~' 구애울음소리를 내는 수컷. 목에 생기는 흰색 털이 암컷을 유혹하는 포인트다. 수컷은 최대한 부풀려 흰 부분을 드러낸다.

시간이 지남에 따라 교미 빈도는 점점 높아진다. 수리부엉이가 교미하는 장소는 뾰족한 바위나 나무 위다. 둥지 주변에서 울어대는 수컷의 요구에 암컷이 승낙하면 교미가 이루어진다. 수컷이 교미를 위해 내는 울음소리는 평소보다 더 간절하다. 암컷도 마찬가지다. 수리부엉이가 2미터에 육박하는 날갯짓을 하면서 교미하는 모습을 보고 있으면 긴 밤을 지새운 보람이 생긴다. 한겨울에 교미 촬영을 위해서 온갖 추위를 견뎌가며 기다려야 했던 날이 얼마이던가. 제작진은 일순간 얼었던 몸이 사르르 녹는다.

본격적인 교미철인 12~1월에는 하루가 멀다 하고 교미를 한다. 물론 교미를 한다고 해서 항상 수정이 이루어지는 것은 아니다. 본격적인 교미철에는 암수가 함께 둥지 주변에 머무는 시간이 많아지면서 관계가 더욱 돈독해진다. 특히 아침마다 특별한 의식을 치른다. 어둠이 가시고 해가 뜰 무렵이 되면 수리부엉이는 은신처로 돌아온다. 우선 수컷이 따뜻한 은신처에 돌아와 암컷을 부른다. 그러면 곧이어 암컷도 은신처로 날아든다. 자기 세력권의 안전을 확인한 수리부엉이 암수는 서로의 얼굴을 비비며 뜨거운 분위기를 만든다.

"구구구"

서로 교태음을 내며 분위기를 돋운다. 일종의 애무라고 할 수 있다. 이처럼 수리부엉이가 서로의 부리를 맞대고 얼굴을 비벼대는 데에는 나름대로 이유가 있다. 서로를 자극함으로써 생식 호르몬 분비를 왕성하게 하기 때문이다. 교미 자체를 위한 교미가 아닌 수정을 위한 교미에 대비하는 것이다. 이러한 행동이 한동안 반복되고 나서 교미를 하면 수정이 이루어진다. 수리부엉이의 사랑에는 복잡한 메커니즘이 존재함을 알 수 있다.

얼굴을 비비며 애정 표현하는 수리부엉이 부부. 이러한 행동은 생식 호르몬 분비를 왕성하게 해 배란을 촉진한다.

그 사이 수컷은 둥지를 정하는 일을 한다. 자신의 세력권 중에서 가장 마음에 드는 곳을 골라 둥지로 적합한지를 탐색한다. 그러고는 물색한 둥지에 암컷을 초대해 선택을 기다린다. 수컷은 암컷이 마음에 들 때까지 새로운 둥지를 선보인다. 둥지의 후보로 정해진 곳을 보면 바닥을 긁어놓은 흔적을 발견할 수 있다. 암수가 둥지에 앉아서 고심한 흔적이다. 암컷은 둥지를 심사한 다음 마음이 들면 둥지에 눌러 앉아 산란 준비를 한다. 수리부엉이는 둥지 정하는 것도 암수 서로의 역할분담으로 이루어진다.

위 | 파주의 한 아파트 단지 뒷동산에 자리한 수리부엉이 둥지 주변 전경.
아래 | 암컷에게 날아가는 수컷.

위 | 아파트 위 암수의 만남.
아래 | 교미하는 암수.

암수의 역할분담이 유리한 사회

그렇다면 수리부엉이 사회의 암수 역할분담을 어떻게 이해해야 할까? 알을 품는 일과 새끼 키우는 일(육아)은 암컷의 전유물이다. 반면 먹잇감을 구해오고 둥지를 방어하는 일(경제활동)은 오로지 수컷만이 담당한다(물론 새끼가 날 수 있을 시기가 되면 상황은 조금 변화한다. 암컷이 사냥에 나서기도 한다). 수리부엉이들은 모든 일을 암수가 똑같이 하기보다 서로가 나누어 맡음으로써 효율성을 극대화한다. 역할분담은 서로에게 속박으로 작용하지 않는다. 서로의 신체조건을 이용한 최선의 선택이라 할 수 있다. 수컷은 상대적으로 날렵하기 때문에 사냥에 유리하게 진화했다. 반면 암컷은 수컷에 비해 덩치가 크다. 풍부한 깃털에 펑퍼짐한 모습은 알을 품기에 유리한 조건이다. 암수가 서로에게 부족한 것을 채우고 서로의 장점을 살리는 방향으로 진화한 결과이다. 이것을 암수 역할의 관점에서 보면 '평등' 이라기보다 '역할분담' 이라는 표현이 더 적합할 것이다. 수리부엉이 사회는 '분담주의' 사회이다.

비교적 작은 새인 붉은머리오목눈이는 또 다른 면을 보여준다. 붉은머리오목눈이는 암수의 일이 평등하다. 둥지를 짓거나 알을 품는 일, 사냥을 해오는 일 등 모든 것을 암수가 동등하게 한다. 교미와 알 낳는 것을 제외한 모든 일을 암수가 함께 한다. 한마디로 평등사회이다. 암컷 일과 수컷 일이 따로 있지 않다. 하나의 일을 함께 똑같이 한다. 지금 우리 사회가 추구하는 남녀의 역할 방향과 같다고 할 수 있다. 남녀 모두 무슨 일이든지 할 수 있다고 믿고 있고, 그 일을 하는 데 남녀의 차등은 없다. 기준점은 남녀가 아니라 각 개인의 능력이다.

붉은머리오목눈이는 키가 작은 관목림, 덤불, 농가의 울타리 등에 둥지를 트는 텃새이다. 번식기 외에는 무리를 지어 생활한다. 둥지에 뻐꾸기류가 탁란하는 것으로 잘 알려져 있다. 원래 흰색 알을 낳았으나 이를 회피하기 위해 푸른색 알을 낳기도 한다.

조그마한 체구와 좁은 세력권을 가진 사회에서는 암수의 구분 없이 무엇이든지 하는 것이 훨씬 유리하다. 적이 나타나더라도 함께 나서서 막아야 한다. 또한 새끼를 빨리 키워야 하기 때문에 쉴 새 없이 먹이를 날라야 한다. 암수 따로 없이 같은 임무를 함께 맡는다. 이러한 암수 역할 형식은 일반적으로 작은 새들에게서 나타난다.

반면 수리부엉이 사회는 특성 자체가 다르다. 앞서 지적했듯이 수리부엉이는 한두 마리의 새끼를 잘 키워내는 전략을 구사한다. 여러 마리의 새끼를 몸무게 3~4킬로그램으로 키워내는 것은 현실적으로 어려운 일이다. 6개월이라는 오랜 기간 동안 소수의 새끼를 잘 키워내기 위해서 수리부엉이는 암수 간 역할분담이라는 방법을 택한 것이다. 결국 어느 사회나 자신이 처한 조건에 맞게 살아가는 방식을 택한다고 볼 수 있다. 어느 것이 우월하다고 판단할 수 있는 것이 아니다.

⁝ 교미의 시작과 끝 ⁝

새들은 번식기가 되면 짝을 찾는 데 많은 에너지를 투입한다. 좋은 짝을 만나야 번식에 성공하고 자신이 야생에서 살아 있는 존재 의미를 찾을 수 있다. 꾀꼬리 수컷이 야생에서 가장 아름다운 소리를 내는 것도 가장 좋은 유전자를 갖고 있음을 각인시켜 암컷을 유혹하기 위해서이다. 꾀꼬리 암컷은 아름다운 노래를 할 줄 아는 수컷이 우수한 유전자를 갖고 있다고 인식한다. 서로 눈이 맞으면, 짝을 정해 교미를 하고 알을 낳아 새끼를 키워낸다. 그런데 일반적으로 새들은 알을 낳고 나면 교미를 하지 않는다. 대신 모든 에너지를 새끼를 키우는 데 진력한다. 이러한 방식을 택하는 새는 여름철새인 경우가 많다. 번식지에 와서 짝을 만나고 번식에 성공하면 그만이다. 그다음 월동지에서의 생활은 각자의 몫이다. 두루미류나 제비처럼 철새로 살아가면서도 짝의 관계를 계속 유지하는 종은 드문 경우다.

수리부엉이는 보통 1월에서 2월 사이에 알을 낳는다. 필자는 촬영과정에서 새로운 사실을 발견할 수 있었다. 일반적으로 자연 다큐멘터리 제작을 할 때 반드시 있어야 할 것으로 교미 장면을 꼽는다. 교미 장면이 없다고 해서 작품의 질이 폄하되는 것은 아니지만 그럼에도 제작진 입장에서는 교미 장면을 반드시 촬영하고 싶어한다. 종에 따라 조금씩 다르긴 하지만 교미 장면을 촬영하는 것은 쉬운 일이 아니다. 따라서 교미 장면을 찍었다는 것은 어려운 코스 하나를 넘어섰다는 의미가 있다. 더구나 수리부엉이처럼 야행성인 경우, 야간에 촬영하는 것 자체가 힘든 일이기 때문에 더욱 가치를 인정받는다.

자연 다큐멘터리를 제작하면서 처음부터 불가능하다고 생각하면 될 일이 아무것도 없다. 조금의 가능성이라도 보이면 도전해야 한다. 결과는 나중의 일이다. 그런데 교미 장면을 한 번이라도 보면, 아니 한 번이라도 제대로 촬영하면 만족한다고 생각하며 시작한 일이 새로운 국면으로 접어들기 시작했다. 1월 중순경 꿈에도 그리던(실제로 수리부엉이의 교미를 학수고대한 나머지 꿈을 꾼 적도 있다) 교미 장면을 찍는 데 성공했다. 썩 만족스럽지는 못했지만 그런대로 면피할 정도는 되었다.

한 가지를 이루고 나면 또 다른 욕심이 생기기 마련이다. '다음에는 좀 더 나은 그림을 촬영하자!' 며 도전은 계속된다. 어느덧 시간이 흘러 새끼가 알에서 깨어나기 시작했다. 이쯤 해서 더 이상의 교미 촬영 작업은 무의미하다고 판단하고 접을 생각이었다. 그런데 세상에나, 상상 밖의 일이 일어났다. 어느 날 수컷의 부름에 암컷이 화답하기 시작하더니 갑자기 둥지를 박차고 나와 수컷 곁으로 다가갔다. 그리고 수컷이 예의 신음소리를 내며 암컷에게 올라탔다. 새끼가 알에서 나왔는데 교미라……. 어떻게 해석해야 할지 고민이었다. 처음에는 우연한 교미 또는 알 수 없는 어떤 현상 정도로 여기려

바위 위에서 교미하는 암수 한 쌍.

했다. 그러나 수리부엉이의 교미는 이후에도 계속되었다. 새로운 해석이 필요한 시점이었다. 그러나 국내의 많은 학자들은 이에 대한 답을 주지 못했다.

요사이 인터넷은 생태 촬영에도 획기적인 변화를 몰고 오고 있다. 마음만 먹으면 웬만한 자료들은 인터넷이라는 세계의 도서관에서 구할 수 있다. 수리부엉이 자료도 마찬가지다. 외국에서는 이미 수리부엉이의 장기간 교미에 관한 연구가 진행되고 있었다. 이제 이후의 생태를 정확하게 관찰하는 것만 남았다. 과연 우리나라의 수리부엉이도 같은 행동양상을 보일까? 또다시 예정에도 없던 야간잠복을 더 해야만 했다.

밤을 지새우는 집요한 관찰에 수리부엉이도 허락을 한 것일까? 최종적으로 4월 중순까지 수리부엉이의 교미를 관찰할 수 있었다. 새끼가 7~8주가 되는 시점이었다. 알을 낳고 나면 교미를 하지 않는다는 조류에 대한 상식을 뛰어넘는 발견에 필자 스스로도 놀라지 않을 수 없었다. 후에 이러한 관찰 · 연구 결과를《한국환경생태학회지》에 보고했다.

필자는 수리부엉이가 새끼가 7~8주 되는 시점까지 교미를 하는 것을 관찰했다. 수리부엉이가 언제부터 교미를 시작하느냐는 아직 정확하게 규명돼 있지 않다. 이 부분에 관해서는 더 많은 연구가 이루어져야 할 것이다. 다만 우리나라 수리부엉이와 같은 종을 유럽(프랑스와 에스파냐)에서 연구한 결과를 참조해서 판단해보면, 적어도 10월경부터 서서히 교미행동을 시작한다. 결과적으로 수리부엉이는 약 6개월에 걸쳐 교미를 지속하는 것이다.

일반인의 상식을 뛰어넘는 수리부엉이의 교미행동은 우리들에게 시사하는 바가 크다. 많은 사람들은 조류나 다른 포유동물들을 '하등하다'고 생각해왔다. 인간과 동물을 구분하는 여러 기준 중에 섹스의 잣대도 있다. 동물들은 새끼나 알을 낳기 위해 섹스를 하고 인간은 사랑을 하기 때문에 섹스를 한다는 식의 구분 말이다. 그런데 수리부엉이가 1년의 절반인 6개월 동안 교미를 한다면 그것은 단순한 교미가 아닐 수 있다.

이제 야생동물에 대한 새로운 이해가 필요하다. 수리부엉이의 장기간 교미에는 예외의 요소가 개입돼 있다고 할 수 있다. 수리부엉이와 인간이 섹스 측면에서 다를 것이 없다는 판단을 하는 데 결정적인 요소가 될 수도 있다. 필자는 수리부엉이의 예를 야생동물을 바라보는 인간의 오만함을 버리는 계기로 삼으면 어떨까 생각해본다. 수리부엉이는 수리부엉이 나름의 부부생활을 하고 있는 것이다.

지속적 교미의 숨은 의미는?

수리부엉이는 왜 오랜 기간 교미를 하는 것일까? 그 속에 숨겨진 전략은 무엇일까? 이에 대한 해답을 얻기 위해서는 먼저 수리부엉이 사회를 정확하게 이해해야 한다.

수리부엉이는 텃새이다. 일정 지역에서 일 년 내내 암수가 함께 산다. 수리부엉이는 또한 일부일처 사회를 이룬다. 한번 짝을 맺으면 평생 부부로 지내는 것이다. 짝을 바꾸지 않고 같은 짝과 지내면 텃새로 살아가는 데 이점이 많다. 매번 짝을 찾으려면 엄청난 에너지를 반복해서 투자해야 한다. 반복해서 짝을 찾을 필요가 없어지면 그만큼 많은 에너지를 다른 곳에 쓸 수 있다. 그래서 수리부엉이는 평생 부부로 지내는 방식을 택했다. 비교적 큰 영역을 매번 새로 설정하고 다른 개체와 다툼을 벌이는 상황을 생각해보자. 그것은 에너지 낭비를 가져와 번식 자체를 힘들게 할지도 모른다.

야생에서 자신의 짝과 평생 함께 지내기 위해서는 암수 서로 많은 노력을 해야 한다. 우선 주변 수리부엉이들이 집적거리는 행위로부터 스스로를 지킬 줄 알아야 한다. 다시 말해 자신의 영토를 굳건히 지키지 못하면 짝의 관계는 무너질 수 있다. 예컨대 짝이 없는 힘센 다른 수컷이 침입해왔을 때 수컷이 제대로 방어하지 못한다면 기존의 암수관계는 깨질 수 있다. 이를 막기 위해서는 주변의 수많은 유혹을 견뎌내고 암수 간의 끈끈한 관계를 유지하기 위한 노력이 필요하다.

앞서 밝혔듯이 수리부엉이는 약 6개월간 교미를 한다. 이는 교미가 수리부엉이 사회의 유지에 필수불가결하다는 뜻이다. 여기서 다른 새들과 달리 수리부엉이가 교미를 암수관계 유지의 중요한 수단으로 삼은 이유가 무엇인지 알아보자. 이 물음에 대한 해답의 실마리를 암수 역할에서 찾을 수 있다.

· 암컷이여! 바람을 피지 마라! ·

수리부엉이의 영토는 반경 2킬로미터 가량 된다. 좁다고 볼 수도 있지만, 넓다면 넓은 영토이다. 왜냐하면 밤이라는 특수상황 때문이다. 한밤에는 먹이를 구하기 위해 먼 곳으로 이동할 필요가 없다. 번식철에도 수리부엉이 수컷은 자신의 영토 내에서 사냥한다. 이제 수리부엉이의 입장에 서서 상황을 다시 상기해보자.

한겨울 밤……. 차가운 보름달이 어둠을 밝히고 있다. 암컷은 차디찬 바위틈에 쭈그리고 앉아 온전히 알을 품고 있다. 포란에 들어간 지도 벌써 보름째. 하루 종일 아무것도 먹지 않은 암컷은 배가 고프다. 연신 자신의 짝에게 신호를 보낸다.

"우엉~"

배가 고프니 먹이를 가져오라는 신호이다. 하지만 그 이면에는 혹시 '한눈파는 것 아니냐' 는 불안감도 내재해 있다. 그렇다고 수컷에 대한 신뢰를 함부로 버려서는 안 된다. 그렇게 되는 순간에 짝의 관계는 깨어지고, 번식은 실패로 이어질 것이다.

수컷도 멀리서 암컷의 소리를 들었다. 그런데 오늘따라 사냥이 여의치 않다. 그렇다고 그냥 돌아갈 수는 없다. 수컷도 초조하긴 마찬가지다. 더구나 그 사이 다른 수컷이 몰래 둥지에 침입해온다면 모든 게 끝이다. 암컷이 한눈팔지나 않을까 좌불안석이다. 수컷은 어떻게 해야 할지 선택의 기로에 섰다. 어떤 방법이 최선일까? 고민에 빠진 수컷의 뇌리에 스쳐지나가는 그 무엇…….

'이러다간 마누라를 다른 놈에게 빼앗길 수도 있겠군.'

불안감에 휩싸인 수컷은 결국 둥지로 달려가 암컷에게 아무 탈이 없는지 물어본다.

"부엉~"

수컷의 기척에 암컷도 잽싸게 반응한다. 먹이를 가져온 줄 알고 신이 난 목소리다.

"우엉~"

암컷이 반응하자 수컷은 교태음을 낸다. 잠자리를 같이하자는 신호이다. 암컷은 영 내키지 않지만 승낙한다. 수컷은 암컷에게 날아가 올라탄다. 수리부엉이 부부는 환희의 소리를 지른다. 마음속으로 무슨 생각을 했을까? 특히 수컷은 이런 생각을 하지 않았을까?

'이제야 안심이 되는군! 딴 놈하고 바람피우는 일은 없겠지? 빨리 사냥이나 나가자. 룰루랄라~'

신이 난 수리부엉이 수컷은 예의 사냥꾼 본능을 발휘해 쥐 한 마리를 낚아챈다. 배고플 암컷을 생각하며 둥지로 힘차게 날아간다.

· 수컷이여! 사냥해오는 것을 잊지 마라. 나는 당신의 유전자를 가지고 있노라. ·

이제 암컷의 입장에서 상황을 이해해보자.

수컷은 사냥을 나가서 기별이 없다. 평소 같으면 벌써 돌아왔을 시간이다. 아직 아무것도 먹지 않았지만 배고픔은 뒷전이다. 그렇다고 차가운 날씨에 둥지를 비울 수도 없는 일! 암컷은 초조한 마음에 용기를 내 수컷을 불러본다.

"우엉~"

하지만 수컷에게선 아무런 반응이 없다. 암컷은 온갖 상상을 다하기 시작한다.

'새끼 태어날 날도 얼마 안 남았는데, 어디서 뭘 하고 있는 거야! 사고라도 당한 걸까? 아니야, 그런 상상은 하지도 말아야지. 오늘따라 사냥이 쉽지 않은 거야. 아니지, 우리 남편은 최고의 사냥꾼이야. 사냥은 누워서 떡 먹기나 다름없어. 뭔가가 있는 거야. 예감이 이상해.'

암컷은 수컷을 의심하기 시작한다. 처자식 두고 다른 암컷과 노닥거리는 건 아닐까 걱정이 된다. 이럴 땐 수컷의 마음을 확인하는 길밖에 없다. 암컷은 다시 애절하게 수컷을 부른다.

"우엉~"

암컷의 호출은 계속된다. 수십 번은 더 불렀을 것이다. 그때다. 나무 꼭대기에서 수컷이 도착했다는 기척소리를 낸다. 암컷은 주변의 시선도 아랑곳 않고 곧바로 수컷 곁으로 날아가 교태음을 낸다. 수컷에게 온갖 아양을 다 떤다. 수컷은 이게 웬 떡이냐는 표정으로 암컷의 마음을 받는다. 한 밤은 수리부엉이의 사랑을 나누는 열기로 더욱 뜨겁다.

암컷과 수컷이 서로 다른 상황에서 교미를 하는 모습이다. 필자가 상상해 구성한 것이지만 이와 유사한 상황은 수리부엉이 암수에게 매일 밤 벌어진다. 평생을 함께 살더라도 신뢰를 확인하는 절차는 필요하다. 여러 방법 중 교미는 효과적인 방법임에 틀림없다. 그래서 수리부엉이는 알을 낳고 나서도 교미를 한다. 서로가 부부라는 인식을 계속해서 심어주는 것이다.

교미의 목적

지속적인 교미의 의미를 수컷과 암컷의 입장에서 더 자세히 살펴보자.

우선 수리부엉이는 평생 배우자와 함께 생활한다. 주요 번식활동을 살펴보면 알을 품는 기간은 34~36일, 둥지 떠나는 시기는 부화 후 7주, 독립 시기는 부화 후 5~6개월로 우리나라에서 번식하는 조류 중 가장 긴 번식주기를 갖는다. 게다가 새끼가 독립할 무렵(9, 10월)이 되면 약간 느슨했던 암수관계는 다시 회복되고 세력권 방어와 교미가 시작된다. 따라서 사실상 일 년이라는 전 기간이 번식의 과정이라 해도 무방하다.

수컷의 입장에서는 어떤 요구들이 있을까? 수컷은 번식기 동안에 사냥을 전담하다시피 한다. 그래서 그 사이 있을지도 모르는 혼외정사의 가능성을 막기 위해서 암컷과의 신뢰관계를 구축할 필요가 있다. 실제로 번식기간 중에 둥지를 비울 가능성이 많은 조류, 특히 맹금류의 경우 다른 조류에 비해 교미의 빈도가 높은 것으로 알려져 있다. 이는 가능한 한 자신의 정자 전달 비율을 높임으로써 다른 수컷과의 정자경쟁에서 우위를 차지하려는 전략이다. 맹금류 중에서도 수리부엉이처럼 번식기간 동안에 먹이공급을 수컷의 사냥에 전적으로 의존하고, 수컷이 사냥을 위해 둥지를 떠나 있는 시간이 많은 종일수록 교미 빈도가 높아진다.

이러한 설명은 수리부엉이가 알을 낳기 전에 교미횟수를 늘리는 행동을 설명하는 데는 설득력을 가질 수 있다. 하지만 수리부엉이가 알을 낳은 후, 특히 새끼들이 어느 정도 성장한 시점까지도 교미행동을 하는 이유를 설명하기에는 불충분하다.

암컷 입장에서도 교미를 할 수밖에 없는 당위성이 있다. 앞서 설명했듯이 수리부엉이 암컷에게 수컷의 존재는 번식기에 필수적이다. 특히 산란(알 낳기), 포란(알 품기), 육추(새끼 기르기) 등의 번식기 동안에 암컷은 절대적으로 수컷에 의존해 먹이를 공급받는다. 만약 수컷이 딴마음을 먹거나 사고가 생기면 번식 실패로 이어질 가능성이 크다. 따라서 수컷이 지속적인 부부관계를 통해 둥지를 비운 사이 암컷이 다른 수컷과 만나는 것을 막고 싶어하듯이, 암컷도 자신이 품고 있는 알에 수컷의 유전자가 들어 있음을 수컷에게 환기시켜 안정적으로 사냥해오도록 유도하고자 한다. 지속적 교미는 상호간에 유대의식을 강화하는 데 도움이 된다. 부부관계가 돈독해지면, 수컷은 마음 놓고 사냥할 수 있고 암컷은 안심하고 포란할 수 있다.

결국 수리부엉이의 지속적인 부부관계는 하나의 생존전략으로서 어느 한쪽의 필요에 의해 이루어지는 것이라기보다 암수 양쪽의 요구에 의해 이루어진다고 보아야 한다. 실제로 관찰한 바로도 수컷이 아닌 암컷의 요구로 교미가 이루어지는 경우가 상당수 있다. 조류의 일반적인 교미 형태는 수컷이 울음을 통해 교미 신호를 보내고 암컷이 화답을 하면 수컷이 날아가 암컷과 교미하는 방식이다. 반면 수리부엉이는 수컷과 암컷 양쪽의 요구에 의해 교미를 한다. 암컷의 적극적인 요구에 의해 교미가 이루어질 때는 평상시와 다른 형식을 취한다. 암컷이 먼저 수컷을 부르고 수컷이 화답하면 암컷이 수컷 옆으로 날아가 앉는다. 그러면 수컷이 암컷의 등에 올라타 교미를 한다. 이를 통해 암컷은 수컷에게 현재의 새끼들이 자기 자식이라는 믿음을 준다. 그리고 수컷이 지속적으로 먹이를 나르고 암컷을 보호하도록 유도한다.

수리부엉이의 교미는 새끼 부화 후 7~8주 정도가 지나면 중단된다. 이 시기는 새끼가 둥지를 떠나는 때이다. 어린 수리부엉이는 아직 날 수는 없지만 둥지를 떠날 만큼 어느 정도 성장했다. 암컷의 입장에서 보면 수컷의 보호가 덜 필요해진 것이다. 이후 몇 달 동안은 상대적으로 약간 느슨한 형태의 암수관계가 유지된다. 물론 부부관계는 거의 이루어지지 않는다. 그러다 다시 가을이 되면서 서서히 부부관계가 회복된다.

결론적으로 수리부엉이는 '암수 짝의 유대' 또는 '부부관계'를 강화하기 위한 방법으로 교미행동을 장기간 지속한다. 지속적인 교미를 통해 궁극적으로는 새끼를 안정적으로 부양하는 것을 목표로 한다. 이 모든 것은 번식을 성공시키기 위한 수리부엉이 암수의 전략과 맞물려 있다. 즉 수컷은 암컷을 믿고 사냥과 방어에만 열중하고, 암컷은 오직 알을 품고 새끼를 키우는 일에만 집중한다. 그래서 번식은 성공적으로 이루어지고 수리부엉이의 삶은 더욱 풍요로워진다. 수리부엉이가 진정한 밤의 제왕이 될 수 있는 비결에는 끈끈한 부부애가 숨어 있다.

이혼율 제로에 도전하다!

필자가 강화에서 목격한 수리부엉이는 그곳의 둥지를 최소한 30년 전부터 사용하고 있었다. 그 사이 주인이 바뀌었는지는 알 수 없지만 예나 지금이나 수리부엉이는 동일한 둥지에서 번식하고 있다. 마을 주민의 증언에 의하면 어릴 때부터 수리부엉이 둥지에 올라가 알을 꺼내 먹었다고 한다. 결과적으로 여러 번의 번식 실패도 있었다는 뜻인데, 여전히 그 주변 지역에 알을 낳고 살아가고 있다. 이는 수리부엉이가 자신의 영역을 가지며 동일한 장소에서 살아간다는 증거이다.

그렇다면 수리부엉이 암수가 평생을 함께 살아간다는 증거는 어디서 찾을 수 있을까? 우리나라에서 수리부엉이 암수가 어떻게 짝의 관계를 유지하며 살아가는지 연구한 적은 없다. 야행성인 수리부엉이를 연구하는 것 자체가 힘들기 때문이다. 너도 나도 돈 되는 곳에만 몰리고 있으니 기초 학문에 관심이 부족하다. 더구나 연구비마저 많이 드는 야행성 동물은 연구대상 밖에 있다.

자연 다큐멘터리 분야도 마찬가지다. 접근하기 힘든 동물과 야행성 동물은 제대로 다루려고 하지 않는다. 잘 만들어야 본전이라는 생각이 깔려 있기 때문일까. 사실 야간에 조명시설을 설치하는 데만 제작비의 절반 이상을 쏟아부어야 한다. 누구도 그 위험부담을 지려고 하지 않는다. 또한 밤낮을 거꾸로 생활하며 다큐멘터리를 제작하는 것도 쉬운 일은 아니다. 그러나 도전하면 아무도 보지 못한 자연의 신비와 생명의 비밀에 다가설 수 있다.

견우와 직녀처럼, 괭이갈매기의 부부생활

야생의 동물을 잘 관찰해보면 의외로 일부일처를 유지하는 동물이 많다. 두루미류는 말할 것도 없고 갈매기류도 일부일처를 이루고 있다. 하지만 일부일처를 유지한다고 해서 모두 똑같은 형태를 띠는 것은 아니다. 그중 괭이갈매기는 수리부엉이와는 사뭇 다른 일부일처의 모습을 보여준다. 경남 통영의 홍도는 우리나라의 괭이갈매기 집단 번식지 중 가장 큰 무리를 이루는 곳이다. 무려 2만 마리가 넘는 괭이갈매기들이 매년 4월 중순경 홍도에 모여들어 집단으로 번식한다. 괭이갈매기의 집단 번식에는 아주 흥미로운 부분이 몇 가지 있다.

첫째, 괭이갈매기가 월동지에서 암수가 따로 생활한다는 점이다. 서로 다른 곳에서 지내다가 번식지에 도착해서 서로의 짝을 만나는 것이다. 견우와 직녀가 칠월칠석에 만나듯이 일 년에 한 번 번식지에서 만나 서로 사랑을 나누고 헤어지는 것이다. 매일 같이 지내는 것도 아닌데 어떻게 서로를 기억할 수 있을까? 아무래도 각각의 생김새와 특유의 소리로 상대를 알아보는 것으로 추정된다. 언뜻 보면 비슷비슷하게 생겼지만 자세히 보면 같은 종의 동물이라도 미세한 차이들이 발견된다. 이를 바탕으로 자기 짝을 찾는 것이다.

둘째, 괭이갈매기가 매년 집단 번식지의 동일한 장소, 즉 같은 둥지에서 번식한다는 점이다. 홍도에는 적어도 1만 개 이상의 둥지가 있다. 좋은 곳 나쁜 곳 할 것 없이 각각의 둥지는 주인이 따로 있다. 우리가 사는 빽빽하게 늘어선 아파트에 지번이 있고 등기된 자가 있듯이 괭이갈매기 둥지에도 정해진 주인이 있다. 물론 그것은 선점이나 치열한 경쟁을 통해서 결정된다. 둥지 간 거리가 1미터도 채 안 되는데도 적절한 긴장 관계를 유지하며 각자의 영역을 갖는다.

괭이갈매기가 어떻게 일부일처를 이루며 살아가는지는 일련의 연구를 통해 밝혀지고 있다. 국립공원연구원의 권영수 박사는 10년 이상 홍도에서 괭이갈매기를 연구하고 있다. 권 박사는 100여 마리의 괭이갈매기에게 가락

위 | 괭이갈매기는 사람이나 맹금류와 같은 천적으로부터 자신을 지키기 위해 무인도에서 집단으로 번식한다.
왼쪽 아래 | 집단 포란하는 괭이갈매기 무리.
오른쪽 아래 | 포란 중인 괭이갈매기.

지(인식표)를 달아두고 관찰했다. 그 결과 괭이갈매기가 매년 같은 장소에서 번식한다는 사실을 확인할 수 있었다. 또한 암수 모두에게 가락지를 단 경우도 있었는데, 대부분 해마다 같은 짝으로 살아가고 있었다고 한다. 괭이갈매기가 일부일처를 유지한다는 사실을 실증적으로 증명해낸 것이다.

홍도 섬의 꼭대기 등대 부근에는 일명 '외발이'가 산다. 외발이 수컷은 한쪽 발이 그물에 걸려 잘려나간 상태다. 2002년 〈환경스페셜〉을 통해 그 살아가는 모습이 소개된 적이 있다. 그 사이 권 박사는 암컷에게 다시 가락지를 달았다. 필자는 2008년 4월과 5월에 세 차례에 걸쳐 홍도를 찾았다. 외발이 부부는 7년 전이나 지금이나 똑같은 장소에서 번식을 하고 있었다. 어떻게 이럴 수 있을까? 비번식기인 겨울을 각자 다른 곳에서 보내다가 이곳 홍도에서 다시 만난다는 사실, 그리고 홍도의 수많은 둥지 중에서도 예전 둥지를 찾아 쓴다는 사실 앞에서 새삼 생명의 신비를 느꼈다.

평생을 함께 살아가며

필자는 수리부엉이가 어떻게 부부관계를 유지하며 살아가는지 가락지를 달아 실증적으로 증명하고 싶었다. 그러나 프로그램을 제작하는 프로듀서 입장에서 오랜 시간이 걸리는 그 작업을 완성하지는 못했다. 앞으로 반드시 한번 확인해보고 싶은 부분이다.

하지만 수리부엉이가 일부일처를 유지하는 사실을 부정할 수는 없다. 이 사실은 외국의 연구자들에 의해서도 명백하게 입증되고 있다. 또한 경기도 파주시 법흥리의 한 아파트 단지 뒷동산에 자리 잡은 수리부엉이 둥지는 연중 내내 관찰할 수 있다. 따라서 이들 수리부엉이 암수가 부부관계를 계

'외발이'라는 이름이 붙은 괭이갈매기 수컷.

속 유지하고 있음을 간접적으로나마 확인할 수 있다.

이제 좀 엉뚱한 물음을 던져보자! 평생 함께 살아간다고 하는 수리부엉이도 이혼을 할까? 이것을 증명하기란 무척 어렵다. 암수 모두에게 인식표를 달아 오랫동안 관찰하고 연구해야 하므로 고난도의 작업이다. 수리부엉이에게 관심 있는 외국의 학자들은 수리부엉이의 이혼율 연구에도 뛰어들었다.

수리부엉이 부부는 한 지역을 굳건히 지키며 평생 함께 살아가는 맹금류이기 때문에 암수 부부관계에 변화가 생기는 경우는 드문 것으로 나타났다. 텃새로 살아가는 수리부엉이에게 만약 짝이 바뀌는 일이 생기면 세력권 문제로 수많은 에너지를 다시 투입해야 하기 때문이다.

하지만 수리부엉이의 암수관계에 변화의 여지가 전혀 없는 것은 아니다. 수컷이 제대로 사냥을 해오지 못한다면 어떻게 될까? 수컷의 사냥은 수리부엉이의 번식에 결정적인 요소이다. 따라서 이유가 어디에 있든 사냥능력을 상실한 수컷은 암컷의 버림을 받을 수밖에 없다. 또한 수컷이 정한 둥지에서 번식을 시도하다가 실패했을 경우, 암컷은 수컷의 능력을 의심할 수밖에 없다. 그럴 경우 관계에 변화의 가능성이 있다.

빈센소 펜테리아니라는 에스파냐의 한 연구자는 수리부엉이의 이혼율이 1퍼센트 미만이라는 사실을 밝혀냈다. 자연계에서 1퍼센트 미만이라는 수치는 사실상 제로에 가깝다는 뜻이다. 그 1퍼센트마저도 교통사고와 같은 각종 사고로 한쪽이 사고를 당했을 경우였다고 한다.

수리부엉이를 촬영하면서 그들 부부 간의 정을 여실히 느낀 적이 있다. 강화도의 한 마을……. 어느 날 밤, 수컷이 사냥을 해오지 않자 암컷이 수컷을 애타게 부른다. 새끼를 키우고 있는 암컷에겐 먹이가 절실하다. 그러나 수컷은 모습을 보이지 않는다.

"꽥 꽥~"

암컷이 수컷을 부르는 소리다(수리부엉이 암컷이 수컷을 부르는 소리는 지역마다 조금씩 다르다. 강화의 암컷은 '꽥꽥' 하는 소리를 냈다). 그래도 수컷은 돌아오지 않는다. 새끼는 먹이를 달라며 보챈다. 어미는 그저 부리로 쓰다듬어 주고 품어줄 뿐이다. 그렇다고 둥지에 연약한 새끼를 놔두고 사냥을 나갈 수 없는 노릇이다. 새끼가 위험하기 때문이다. 진퇴양난에 놓인 어미는 불안과 초조 그 자체다. 반달은 벌써 기울고 별만 반짝인다.

이를 지켜보는 필자도 불안하기는 마찬가지다. 둥지에 무슨 일이 생기는 날엔 프로그램 진행에 치명적이기 때문이다. 한 평도 되지 않는 좁은 텐트에서 발만 동동 구른다. 어느덧 여명은 밝아오고 마을에서는 닭 울음소리가 들린다. 농사를 서두르는 경운기 소리도 들리기 시작한다. 지친 암컷은 목이 쉬고 말았다. 안절부절못하고 둥지를 들락거리지만 수컷은 끝내 돌아오지 않았다. 그 사이 해는 중천에 뜨고……. 수리부엉이 암컷은 새끼를 품고 잠을 청한다. 수리부엉이 둥지는 과연 어떻게 될까? 모든 것은 필자의 손을 떠나 있다. 오직 기다리는 수밖엔 달리 도리가 없다.

수컷이 나타난 것은 다음날 해질녘이었다.

"부엉~"

힘찬 울음소리에 암컷의 목소리는 희색이 만면하다. 수컷은 비둘기 한 마리를 들고 왔다. 이로 인해 새끼와 암컷은 생명을 이어갈 수 있었다. 수컷이 없는 상황은 번식의 실패로 이어진다. 암컷은 오직 수컷이 오길 기다린다. 그 이면에는 수컷에 대한 믿음이 깔려 있다. 그 믿음으로 수리부엉이

수리부엉이의 부부애는 밤의 최고의 사냥꾼 자리를 지키게 하는 원동력이다.

의 암수관계는 유지된다.

필자가 관찰한 바에 의하면, 같은 올빼미과에 속하는 큰소쩍새 암컷은 수컷이 3일 동안 먹이를 가져오지 않았는데도 끝까지 수컷을 기다렸다. 목이 쉬고 몸을 가누기 힘든 상황인데도 자신의 짝을 기다리는 인내심 앞에서 숙연해질 수밖에 없었다. 수리부엉이도 마찬가지다. 한쪽이 죽은 것이 확인되는 순간까지 신뢰를 저버리지 않는다.

한국 사회에서 이혼율은 사회문제가 될 정도로 아주 높다. 2006년 통계청 발표에 의하면 우리나라 이혼율은 7.2퍼센트다(2006년 한 해 동안 12만 5,000쌍이 이혼). 조그만 이유로 사랑을 저버리고 쉽게 헤어지는 우리 인간 사회와 비교하면 수리부엉이는 사뭇 다른 행보를 보이고 있다. 한번 정을 주면 평생을 함께 살아가는 수리부엉이를 보면서 우리의 부부관계를 다시 생각한다. 성격차이 등의 문제가 있는 부부에게 계속 살라고 강요하는 것 또한 비인간적 처사이지만, 그 차이를 극복하지 못하고 약속을 깰 수밖에 없는 인간을 보며 우리 인간이 얼마나 나약한 존재인지를 깨닫는다. 서로의 필요에 의해서 만났고 서로의 필요에 의해 함께 살아가는 수리부엉이와 인간, 1퍼센트 미만과 7.2퍼센트에는 수치 이상의 간극이 있는 것만은 분명하다. 오늘날 우리가 수리부엉이를 인상 깊게 지켜보는 것도 수리부엉이가 보여주는 끈끈한 부부애 덕분은 아닐까.

이동성으로 본 새의 구분

- **텃새(resident)** : 우리나라의 일정지역에서 일 년 내내 사는 새로서 수리부엉이, 까치, 참새 등이 여기에 속한다.

- **여름철새(summer visitor)** : 동남아시아에서 겨울을 나고 여름철에 우리나라를 찾아와 번식하는 철새이다. 주로 4월 말~5월 초에 찾아와 9월까지 우리나라에 머문다. 소쩍새, 뻐꾸기, 제비, 새호리기, 꾀꼬리 등이 대표적이다.

- **겨울철새(winter visitor)** : 시베리아, 캄차카 반도 등 우리나라 북쪽에서 번식한 다음 추운 겨울을 나기 위해 가을부터 우리나라를 찾는 새이다. 가창오리를 비롯한 오리류, 두루미류, 기러기류 등이 이에 속한다.

- **나그네새(통과새, passage migrant)** : 연해주나 캄차카 반도 등 우리나라 북쪽(북반구)에서 번식을 하고 호주, 뉴질랜드 등 우리나라 남쪽(남반구)에서 겨울을 나는 새이다. 봄과 가을에 우리나라를 방문한다. 도요 무리(도요새와 물떼새)가 여기에 속하는데, 갯벌이 발달한 우리나라는 도요 무리의 중간 기착지로서 아주 중요하다. 봄과 가을에 소진된 에너지를 보충하기 위해 갯벌에서 먹이를 찾다가 일제히 비상하는 모습은 가히 장관이다.

- **길잃은새(vagrant)** : 본래의 이동경로나 서식지역에서 이탈하여 찾아오는 새이다. 태풍이 불면 가끔 길잃은새들이 우리나라를 찾기도 한다.

4

수리부엉이를 위한 변명

앞장에서 살펴본 바와 같이 수리부엉이는 일반 야생동물과는 다른 그 무엇을 지니고 있다. 그러나 수리부엉이의 새로운 면모는 여기에 그치지 않는다. 수리부엉이는 오랫동안 인간과 함께 해오면서 갖가지 문화적 현상을 만들며 오늘에 이르고 있다. 따라서 수리부엉이를 인간과의 관계에서 살펴보는 것도 흥미로운 일이 될 것이다. 수리부엉이의 상징성, 관련 속담 등이 이번 장에서 살펴볼 내용이다. 또한 텃새로 살아가면서 세력권이 겹치는 수리부엉이와 까치의 갈등을 살펴보고자 한다. 인간과 야생동물 간의 관계와 공존을 생각해보는 계기를 마련해줄 것이다.

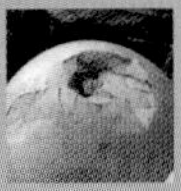

미네르바의 올빼미

우리나라에서 전통적으로 장수의 새는 두루미이다. 학이라 불리는 두루미는 실제로 야생에서 40년 이상을, 동물원에서는 60년 이상까지도 사는 것으로 알려져 있다. 과거 조선시대에 인간의 수명이 50년을 넘기기 힘들었던 상황을 고려하면 두루미를 장수의 새로 여긴 것이 당연했는지도 모르겠다.

동서양을 막론하고 예나 지금이나 불로장생에 대한 관심에는 변함이 없는 듯하다. 우리와는 달리 서양에서는 수리부엉이를 장수의 새로 여긴다. 문화권이 다른 우리 입장에서는 언뜻 이해가 되지 않는다. 하지만 자세히 따져보면 그럴듯한 이유가 있다. 유럽에서 지하철이나 공공시설에 가보면 수리부엉이 얼굴을 한 표지를 발견할 수 있다. 대부분 노인을 위한 시설 또는 좌석이라는 뜻이다. 우리의 경우 '경로석' 또는 '노약자석'이라 하여 지팡이나 휠체어 모양의 표지판을 붙여둔다. 유럽에서는 왜 수리부엉이를 노인이나 장수의 개념으로 여기는 것일까?

독일의 관념철학자 헤겔은 "미네르바의 올빼미는 황혼녘에 날기 시작한다"라는 유명한 말을 남겼다. 여러 가지로 해석될 수 있지만 철학이란 무엇이고 철학의 임무가 무엇인지를 신화적 은유로 표현한 말이다. 주지하다시피 올빼미는 해질 무렵이 되서야 활동을 시작한다. 마찬가지로 철학은 오랜 숙고를 거쳐야 어느 정도 명확한 해답에 다다를 수 있다. 여기서 미네르바는 로마 신화에 나오는 지혜의 여신으로서 그리스 신화에 나오는 아테나와 동격의 신이다. 미네르바는 올빼미를 아껴서 자신의 상징으로 삼았다. 그래서 '미네르바의 올빼미'라고 하면 지혜, 학문, 나아가서 철학을 상징하는 말이 되었다.

그런데 로마 신화에 나오는 올빼미는 정확하게 어떤 종을 가리킬까? 우리나라에서 일반적으로 올빼미라고 지칭할 때는 특정 종으로서의 올빼미를 말한다. '올빼미과'에는 올빼미와 수리부엉이 등이 포함되는데, 이는 학문적으로 새를 분류할 때 쓰이는 개념이다. 반면 유럽에서는 올빼미과의 여러 새들을 함께 일컬어 '올빼미'라고 부르기도 한다. 미네르바와 함께 다닌 올빼미는 '금눈쇠올빼미'라는 작은 올빼미이다. 우리나라에서도 가끔 관찰되기도 하는 예쁜 새다. 어쨌든 금눈쇠올빼미도 같은 올빼미과의 새이므로 올빼미라고 해도 틀린 것은 아니다.

문제는 올빼미의 특성이다. 해가 기울기 시작하면 활동을 시작하는 올빼미는 동서양을 막론하고 특별한 새임에 틀림없다. 게다가 먹이를 사냥하기 위해 나무 꼭대기에 앉은 모습은 영락없는 '현자賢者' 같다. 고민하며 이것저것 사색하는 모습 그 자체이다. 학문적으로는 미네르바의 올빼미가 철학자를 뜻

위 | 수리부엉이가 앉아 있는 모습은 사색하는 모습 그 자체이다.
아래 | 금눈쇠올빼미, 소쩍새, 큰소쩍새 같은 작은 올빼미류는 수리부엉이의 먹이가 되기도 한다. 큰소쩍새를 사냥한 수리부엉이.

하지만, 일상적인 삶에서는 어르신 또는 노인을 가리키기도 한다. 지금도 유럽에서는 노인과 장수의 상징으로 올빼미를 꼽는다. 이 올빼미의 대표적인 새가 바로 수리부엉이eagle owl, 수리처럼 생긴 올빼미다. 노약자석에 그려진 올빼미는 귀깃을 가지고 있어서 그 올빼미가 수리부엉이임을 알 수 있다. 그래서 수리부엉이는 유럽에서 대표적인 장수의 새로 각인돼 있는 것이다.

그렇다면 수리부엉이는 실제로 얼마나 살 수 있을까? 한 동물원의 기록에서는 무려 80년을 살았다고 전한다. 이 정도라면 우리 인간의 수명과도 비슷해 실제로 장수의 새로 여겨도 무방할 듯하다. 사육 상태의 동물들은 병이 나면 치료를 해주고 먹이를 공급해주기 때문에 그만큼 적은 에너지를 사용한다. 때문에 오래 사는 것이 당연하다. 반면 야생에서는 어떨까? 순전히 연구자의 관찰 노력에 의해 확인할 수밖에 없는데, 약 24년으로 보고되고 있다. 밤의 사냥꾼으로 24년을 살아간다는 것은 대단한 일임에 틀림없다. 실제로는 더 오래 사는 수리부엉이가 있을 수도 있다.

사람도 100세 넘게 사는 경우가 있지만 최고 기록은 무의미하다. 평균 기대수명이 중요한데 우리나라의 경우 2006년 현재 78.5세다. 수리부엉이의 경우, 평균수명을 보면 그리 오래 사는 것으로 나오지 않는다. 약 10~20년이다.141쪽 표 참조 어쩌면 정확한 통계를 내는 것 자체가 힘든 일일 것이다. 연구했던 지역이나 연구 표본의 조건에 의해 이러한 기록이 나왔으리라 추측되는데, 우리나라에 사는 수리부엉이의 수명이 얼마나 되는지는 아직 밝혀지지 않았다.

새의 수명(동물원 사육상태)

새 이름	수명
독수리(중남미산)	118년
고니	102년
앵무새	80년
미국큰올빼미	68년
독수리	55년
집참새	23년
벌새	8년

출처 : www.countrysideinfo.co.uk

올빼미과의 수명(야생)

새 이름	수명
칡부엉이	27년 9개월
수리부엉이	24년 9개월
가면올빼미	17년 10개월
쇠부엉이	12년 9개월
흰올빼미	10년 9개월
큰소쩍새	4년 4개월

출처 : James R. Duncan, 『Owls of the World』(2003)

새의 평균기대수명(야생)

새 이름	평균 기대 수명
논병아리	~10년
민물가마우지	15~20년
황새	25년
고니	10년
쇠기러기	15~20년
독수리	25년
황조롱이	5~7년
수리부엉이	10~20년
제비	5년
박새	2~3년
까치	10~15년

출처 : www.newton.dep.anl.gov

수리부엉이 속담의 진실은?

수리부엉이는 깊은 산속에서 사는 새가 아니라 민가나 들판의 경작지 주변에서 살아가는 새이다. 따라서 수리부엉이는 부정적인 의미에서건 긍정적인 의미에서건 우리네 농경사회 삶과 밀접한 관련을 맺어왔다. 우리 조상들의 눈에 비친 수리부엉이의 모습은 어떠했을까?

저축왕

수리부엉이와 관련해서 가장 먼저 떠오른 것은 '수리부엉이가 울면 풍년이 든다' 라는 속담이다. 수리부엉이가 왜 이러한 속담과 관련이 있는지는 수리부엉이의 기본 습성을 알면 금방 이해된다. 주지하다시피 수리부엉이는 쥐를 주로 잡아먹는 '쥐 전문 사냥꾼' 이다. 밤이면 밤마다 마을 주변을 돌며 쥐를 잡아 나른다. 하룻밤에 집쥐 두 마리 정도는 먹는다. 새끼를 키우는 것까지 감안한다면 1년 평균 1,000마리는 너끈히 잡는다고 봐야 한다. 이 정도면 집쥐의 수를 줄이는 데 결정적인 역할을 하는 셈이다. 쥐가 줄어들면 곡식의 손실을 막을 수 있다. 농경사회에서 곡식을 온전히 수확하는 것은 농민들의 가장 큰 기쁨이다. 한마디로 풍년을 가져오는 것과 마찬가지다. 따라서 10월경 번식을 위해 수리부엉이가 '부엉~부엉~' 울어대는 모습에서 풍년의 징조를 보았던 것이다. '부엉이가 새끼 세 마리를 낳으면 대풍년이 든다' 라든가 '밤에 부엉이가 울면 그해엔 풍년이 든다' 는 속담은 그 나름대로 과학적인 근거가 있다. 예부터 우리 조상들은 쥐를 잡는 수리부엉이의 특성을 잘 알고 있었던 모양이다.

수리부엉이와 관련된 속담 중에 '부엉이 살림' 또는 '부엉이 집 같다' 같은 속담도 있다. 이 또한 수리부엉이의 습성에서 연유했다. 수리부엉이는 언제나 둥지 주변에 쥐, 토끼, 꿩 등 여러 가지 먹이를 잡아다 저장해둔다. 비 오는 날에는 사냥이 힘드므로 미래를 대비하는 것이다. 사람들은 앞날을 내다보며 미리미리 대비해두는 모습에서 비유적인 말들을 만들어냈다. 자신도

모르는 사이에 부쩍부쩍 늘어나는 살림을 '부엉이 살림' 이라 하고, 식복이 많은 사람을 보고 '부엉이 집 같다' 고 말한다. 새끼에게 먹이기 위해 많은 먹이를 잡아 저장해두는 습성 때문에 생겨난 속담이다.

저장해둔 먹이로 가득한 수리부엉이 둥지.

요사이도 시골 노인들은 '부엉이 둥지를 하나 찾으면 그해 꿩고기 걱정은 없다' 라는 말을 자주 한다. 수리부엉이가 새끼에게 먹이기 위해 둥지에 가져다놓은 꿩을 몰래 가져오면 꿩고기를 실컷 먹을 수 있기 때문이다. 수리부엉이가 인간 세계에 살았다면 '저축왕' 이라는 별칭을 얻을 만도 하다. 하기야 수리부엉이만 그런 사냥행동을 보이는 것은 아니다. 대부분의 맹금류들은 기회가 있으면 언제든지 사냥하는 습관이 있다. 다만 수리부엉이는 꿩이나 토끼 등 우리 인간들도 즐겨 먹는 동물들을 사냥해서 저장하는 특성을 지녔기 때문에 유독 수리부엉이에게만 재물과 관련된 말들이 많이 생긴 건 아닐까.

우리가 흔히 쓰는 말 중에 '부엉이 셈'이라는 말이 있다. 이익과 손해에 대해 분명하게 파악하지 못함을 이르는 말이다. 수리부엉이는 짝수로 셈을 한다고 한다. 한 개가 없어지면 짝이 안 맞으니 없어진 것을 알지만 짝수로 없어지면 모른다고 해서 생긴 말이라고 한다. 과연 이 말은 제대로 해석된 것일까?

수리부엉이는 먹이에 대한 집착이 아주 강하다. 사냥을 할 때는 신중하게 하지만 일단 사냥을 하고 나면 자신의 먹이를 포기하는 법이 없다. 수리부엉이를 촬영하면서 수리부엉이가 사냥한 것을 빼앗아본 적이 있다. 사냥한 먹잇감에 대한 반응을 알아보기 위해서였다. 대개의 경우 사냥감을 가지고 날아가지만 필자에게 놀란 수리부엉이는 사냥한 토끼를 그 자리에 두고 날아갔다. 그리고 약 10분이 흘렀을까? 수리부엉이는 눈을 부릅뜨고 다시 나타나서, 마지막으로 날아갔던 그 자리 주변을 한참 동안이나 두리번거렸다. 물론 필자가 치웠기 때문에 토끼는 있을 리 없다. 수리부엉이가 날아간 후 다시 그 토끼를 제자리에 가져다두었다. 5분쯤 지나 수리부엉이는 씩씩거리면서 다시 나타났다. 자기 먹이를 되찾아가겠다는 것이다. 그 수리부엉이는 용케 먹이를 찾아 물고는 금방 사라졌다. 둥지에 있는 먹이를 사람들이 가져간다 해도 다시 사냥해오는 것은 새끼를 잘 키워야겠다는 일념이 그만큼 강하고, 먹이가 부족한 날을 대비해 미리 준비하기 때문에 나타나는 행동이다. 이것을 두고 이익과 손해를 구분하지 못하기 때문이라고 생각하는 것은 뭔가 잘못 받아들인 측면이 있는 것 같다.

야행성 수리부엉이는 낮에는 잠을 자거나 휴식을 취한다.

한낮의 사냥

'부엉이 셈' 이라는 잘못된 관념을 만들게 된 데는 수리부엉이가 낮에는 사물을 제대로 보지 못한다는 생각이 자리 잡고 있기 때문이기도 하다. '부엉이 셈' 을 한자로 휴류계수鵂鶹計數라고 한다. 여기서 휴류鵂鶹는 수리부엉이를 말하는데, 한자 구성이 재미있다. 휴鵂는 새가 쉬고 있다는 의미이고, 류鶹는 새가 머무르고 있다는 의미이다. 따라서 휴식을 취하며 바위나 나무에 머물러 있는 새가 바로 수리부엉이다. 낮에 눈을 감고 휴식을 취하다가 가끔 눈을 껌벅거리는 수리부엉이를 보면 흡사 장님처럼 보일 수도 있다. 수리부엉이는 야행성이라 밤에 적응된 시력을 지니고 있긴 하지만, 낮에도 웬만한 사물을 보는 데는 지장이 없다.

낮에 꿩 사냥에 성공해 먹이를 나르는 수리부엉이.

실제로 야행성인 수리부엉이가 낮에도 사냥하는 장면을 촬영한 적이 있다. 그것도 대낮에 토끼를 사냥하는 모습이었다. 대부분의 수리부엉이는 낮에 사람이 접근하면 날아가버린다. 수리부엉이가 사냥을 하고 사물을 식별하는 데에는 소리인식이 많이 작용하는 것이 사실이다. 그렇다고 앞을 제대로 보지 못하고 사냥할 수는 없는 노릇이다.

뿐만이 아니다. 올빼미도 밤에만 사냥할 것 같지만 낮에도 다른 맹금류 못지않게 사냥을 잘한다. 문경 봉암사에서 촬영할 때의 일이다(자연 다큐멘터리 〈봉암사의 숲〉2003년 3월 5일 방영). 어느 날 원앙의 '둥지 떠나기'를 촬영하고 있었다. 높은 고목나무 구멍에서 갓 태어난 원앙 새끼들이 하나 둘 땅 위로 뛰어내렸다. 원앙이 둥지를 떠나는 방식이다. 어미의 부름에 따라 새끼들은

'삐삐~' 소리를 내며 졸졸 따라다니고 있었다. 그리고 제작진은 다정한 원앙 가족의 모습을 신나게 촬영했다. 그런데 갑자기 숲에서 뭔가 큰 물체가 움직였다. 그 주인공은 올빼미였다. 원앙 새끼의 방향을 예의주시하며 고개를 돌리고 있던 올빼미가 갑자기 원앙 새끼에게 내리꽂는 게 아니겠는가! 카메라는 쉴 새 없이 돌고 있었다. 올빼미는 원앙 새끼들이 둥지를 떠나는 모습을 보고 사냥을 나온 것이다. 그리고 그 자리에서 원앙 새끼 세 마리를 순식간에 사냥해서 유유히 사라졌다. 그때까지만 하더라도 올빼미가 낮에 사냥하리라고는 꿈에도 생각지 못했다. 올빼미와 수리부엉이가 낮에 눈을 감고 쉬는 것은 밤에 활동하기 위한 것이다. 낮에 앞을 보지 못하는 것은 절대 아니다.

지붕 위의 파수꾼

수리부엉이와 올빼미를 길조보다는 흉조라고 여기는 경향도 없지 않다. 그런데 이러한 해석은 명칭에 대한 개념 자체가 헷갈려 나타난 현상인 듯하다. 올빼미와 수리부엉이는 외형상 서로 구분이 된다. 올빼미는 귀깃이 없지만, 수리부엉이는 귀깃이 나 있다. 그리고 올빼미보다 덩치가 훨씬 더 크며 우는 소리도 다르다. 올빼미는 '우우! 우우! 우후후후후~' 소리를 내고, 수리부엉이는 '부엉~ 부엉~' 운다.

가끔 〈전설의 고향〉이나 사극에서 불길한 징조나 슬픔과 쓸쓸함을 상징하기 위해서 올빼미 소리를 넣는다. '우우! 우우! 우후후후후~' 이런 소리가 들린 다음에는 꼭 좋지 않은 일이 생긴다. 실제로 올빼미 울음소리가 아기의 울음소리, 악귀를 부르는 소리 또는 무덤을 팔 때 나는 소리와 비슷하

한여름 낮, 수컷이 힘찬 울음으로 자기 영역을 알린다.

기는 하다. 그런데 일부 사람들은 이 소리가 수리부엉이 울음이라고 오해한다. 나쁜 징조를 수리부엉이에 빗대어 말하는 것은 잘못된 비유이다. 사극에서 외로운 나그네가 지친 몸을 이끌고 산속에서 헤맬 때 나는 소리는 수리부엉이 소리가 아니라 올빼미 울음소리이다.

이러한 잘못된 해석은 다른 곳에서도 나타난다. 죄를 지은 사람의 머리를 걸어 본보기로 삼는 것을 '효수梟首' 라고 하는데, 효梟자는 수리부엉이 효자가 아니라 올빼미 효이다. 올빼미 효梟는 나무 위에 새가 앉아 있는 모양이다. 숲 속 나뭇가지에 우두커니 앉아 있는 모습이 바로 올빼미의 모습이다. 그런데 올빼미가 어미를 잡아먹기 때문에 불효에 대한 경각심을 높이기 위해 누구나 잘 보이는 나무 위에 올빼미를 올려두었다는 데서 이 한자가 유래

되었다고 한다. 무슨 연유에서 올빼미 새끼가 제 부모를 잡아먹는다고 생각했는지 알 수는 없다.

우리의 전통 건축 기와지붕에는 치미氏鳥尾, 망새라고 하는 것이 있다. 보통 용마루 양쪽 끝머리에 얹는 상징적인 장식물이다. 시대에 따라 형태가 다르긴 하지만 입을 크게 벌린 새머리에 상투 모양의 꼬리가 하늘로 치솟는 모양이다. 궁궐 기와지붕에서 많이 보인다. 치미에서 치는 부엉이 치를 의미한다. 밤에도 자지 않고 활동하는 수리부엉이가 기와 끝 높은 곳에 앉아 궁궐로 들어오는 나쁜 기운을 막아주는 역할을 해줄 것이라고 믿었기 때문이 아닐까. 실제로 수리부엉이는 지붕 꼭대기에 앉아 자주 운다. 자기 짝을 찾고 세력권을 주장하기 위해서이다. 그 순간에는 어떤 밤의 침입자도 얼씬 못한다. 들어오던 액운도 도망갈 상황이다. 이처럼 수리부엉이는 우리 생활 속에서 여러 가지로 관련을 맺어왔다.

수리부엉이의 굴욕

수리부엉이가 아무리 밤의 제왕이라 하더라도 한 가지 약점은 있다. 낮에 수리부엉이를 관찰하다 보면 가끔 소란스러운 장면을 목격할 수 있다. 까치가 수리부엉이를 괴롭히고 있는 모습이다. 까치는 수리부엉이를 에워싸고 집단으로 달려든다. 언뜻 보면 수리부엉이가 까치 한 마리 정도는 쉽게 잡을 수 있을 것 같은데, 어찌 방어만 하고 있을까 의아스러울 때가 한두 번이 아니다.

텃세를 부리는 성질이 강한 까치는 어느 누구라도 침범해오는 것을 허용

하지 않는다. 까치들끼리도 영역을 놓고 죽음을 불사한 싸움을 벌인다. 땅을 지키는 것은 둥지를 지키는 것이고, 자신의 미래를 지키는 것이다. 반면 자신의 영토를 철통같이 지키면서도 이웃의 까치가 위기에 처했을 경우 직접 출정하는 것도 마다 않는다. 한 마리의 까치가 '깍깍~' 소리치면 주변의 까치들이 일제히 모여든다. '무슨 일이 있는 것이여?' 하고 몰려들었다가 공공의 적이라는 판단이 되면 집단으로 공격한다. 특히 황조롱이, 수리부엉이 같은 맹금류가 자신의 영토에 들어왔을 경우에는 더욱 심하다. 동네가 떠나가라 소리를 질러대고 공격해댄다. 대개의 경우 침입자가 물러나야 조용해진다. 비록 까치는 덩치는 작지만 만만한 상대가 아니다. 잘못 건드렸다가는 본전도 못 찾을 수 있다.

수리부엉이와 까치의 불편한 동거.

까치는 어디를 가도 전망 좋은 곳에 둥지를 틀고 살아가기 때문에 수리부엉이와 같은 공간에 사는 경우가 많다. 실제로 파주시 법흥리에 있는 수리부엉이 둥지는 까치 둥지 바로 아래에 있다. 해마다 적과의 동침을 하고 있는 것이다. 하지만 두 새 사이에 큰 마찰은 벌어지지 않는다. 수리부엉이와 까치가 밤과 낮을 나누어 살아가기 때문이다. 그러나 수리부엉이는 가끔 해질녘이나 아침녘에 활동하기도 하고, 낮 시간에 쉬는 장소를 옮기기도 하는데, 이럴 경우 까치와 한바탕 소란이 벌어진다. 까치 입장에서는 언제 공격해올지 모르는 수리부엉이를 가만히 둘 수 없다. 위험을 무릅쓰고라도 달려들어 쫓아내

파주 법흥리의 수리부엉이 둥지.

야 한다. 수리부엉이 입장에서는 까치가 집단으로 모여들고 있는 상황에서 적극적으로 공격할 필요는 없다. 괜히 까치 한 마리 잡으려다 낭패를 볼 수 있기 때문이다. 그래서 '쉭~쉭~' 소리를 내며 소극적인 방어 자세만 취할 뿐이다. '조무래기들'의 집적거림은 밤의 제왕의 체면을 구기는 일이지만 참아야 한다.

이쯤 되면 까치도 이기지 못하는 수리부엉이가 무슨 제왕이냐고 반문할 법도 하다. 그러나 진정한 야생의 사냥꾼은 사냥할 수 있을 때와 그렇지 않은 때를 구분할 수 있어야 한다. 가끔 독수리가 까치들에게 쫓겨 도망가는 경우가 있다. 까치는 제 덩치보다 몇 배나 더 큰 독수리의 날개를 쪼아대며 몰아낸다. 이를 두고 '하늘의 제왕'이 까치에게 쫓겨 쩔쩔매는 도망자 신세가 되었다고 말하기도 하는데, 이는 정확한 표현이 아니다. 독수리는 살아 있는 동물을 사냥하지 않는다. 오히려 죽은 시체를 찾아다니며 먹어치우는 청소부이다. 한마디로 독수리는 야생의 사냥꾼이 아니다. 독수리는 덩치만 크지 까치에게 크게 위협적이지 않는다. 그 주인공이 독수리가 아니라 검독수리라면 몰라도…….

밤의 제왕 수리부엉이는 자타가 인정하는 밤의 사냥꾼이다. 마음만 먹으면 언제든지 까치 한 마리를 쉽게 해치울 수 있다. 실제로 이른 아침에 까치를 물고 가는 수리부엉이 모습을 볼 수 있다. 하루의 사냥을 마감하면서 마무리로 까치를 잡는 것이다. 수리부엉이 둥지에서도 심심치 않게 까치의 털을 볼 수 있다. 이는 수리부엉이가 까치를 사냥하고 있다는 증거이다. 그러나 대낮은 상황이 다르다. 까치 한 마리를 잡으려다 큰 코 다칠 수 있기 때문이다. 빈대 잡으려다 초가삼간 태우는 격이다. 수리부엉이는 사납게 집적

수리부엉이 둥지로 날아든 까치가 부화 후 2주 된 수리부엉이 새끼를 공격하고 있다.

대는 까치를 절대 건드리지 않는다. 그 후에 일어날 일을 경험적으로 알고 있는 것이다. 수리부엉이가 공격을 하는 때는 혼자 떨어져 있는 까치가 한눈 팔고 있을 때다. 쥐도 새도 모르게 제압해버려야 주변의 까치들이 몰려드는 것을 막을 수 있다. 공격당한 까치가 주변 까치들에게 위험하다는 신호를 보낼 경우, 천하의 수리부엉이도 그들을 감당할 재간이 없다. 떼로 모여 필사적으로 달려들기 때문이다.

밤의 제왕 수리부엉이가 낮에 까치들의 성가신 공격을 참고 견디는 것은 수리부엉이 나름의 계산이 깔려 있다고 할 수 있다. 그것은 까치에게 굴욕만 당하는 것이 아니라 의연하게 대처하고 있는 것으로 봐야 한다. 사냥꾼은 아무리 하찮은 적이라 하더라도 한눈팔 때 공격하지 정면을 바라보고 있을 때 공격하지 않는다. 사냥의 제1법칙이다. 상대 새가 자신에게 대드는 순간은 더더욱 피해야 한다. 어차피 까치는 수리부엉이에게 치명적인 타격을 가할 상대는 못 된다. 수리부엉이 입장에서는 어두워지면 언제든지 까치를 해치울 수 있다. 굳이 무리수를 둘 필요는 없는 것이다. 수리부엉이는 현실적이면서도 현명한 사냥꾼이다.

텃세가 심한 까치는 자기 영역에 침범하는 것을 쉬이 허락하지 않는다.

우리나라에 서식하는 올빼미과 새

1 | **수리부엉이** *Bubo bubo*, Eagle owl : 올빼미과 새 중에서 가장 크다. 우리나라에서 서식하는 조류들 중 가장 빨리 번식하는데 1~2월에 알을 낳는다. 나무 구멍에 알을 낳는 다른 올빼미과 새들과 달리 바위틈이나 바위 밑 같은 땅 위에 알을 낳는다.

2 | **올빼미** *Strix aluco*, Tawny owl : 가끔 수리부엉이와 혼동하기도 하는데, 수리부엉이와 달리 귀깃이 없고 눈은 검은색이다. 주로 나무 구멍에 둥지를 틀며 사는 텃새이다. 배와 등의 세로 줄무늬에 가로줄이 섞여 있다. 기본적으로 야행성이나 낮에 사냥을 하기도 한다.

3 | **긴점박이올빼미** *Strix uralensis*, Ural owl : 올빼미와 생김새가 비슷하지만 부리가 노란색이다. 또한 가슴에는 세로 줄무늬가 있어서 올빼미와 구별된다. 덩치는 올빼미(38센티미터)보다 훨씬 커서 길이가 50센티미터에 이른다. 주로 강원도 산간 지방에서 서식한다.

3

4 | **쇠부엉이** *Asio flammeus*, Short-eared owl : 올빼미와 마찬가지로 하트 모양의 얼굴을 가지고 있으며 머리에 있는 깃은 매우 짧아 잘 보이지 않는다. 야행성이지만 해질 무렵이면 강가의 모래밭이나 경작지에 날아와 들쥐를 잡아먹는다. 겨울철새로 주로 초원의 땅 위에 둥지를 짓는 것으로 알려져 있다.

4

5 | **소쩍새** *Otus scops*, Scops owl : 몸길이 약 20센티미터로 우리나라에 사는 올빼미과 새 중에서 가장 작다. 큰소쩍새와 달리 눈이 노란색을 띤다. 따뜻한 곳에서 겨울을 보내고 번식을 위해 한반도를 찾는 여름철새이다. 나무 구멍에 둥지를 틀고 산다.

5

6 | **큰소쩍새** *Otus lempiji*, Collared scops owl : 겉모습은 소쩍새와 비슷하지만 눈이 붉은 색을 띠는 것이 특징이다. 겨울철새로 알려져왔지만 우리나라에서도 번식을 한다. 낮에 알을 품고 있을 때는 접근해도 잘 도망가지 않는다. 소리를 잘 내지 않아 찾기가 쉽지 않다.

7 | **칡부엉이** *Asio otus*, Long-eared owl : 몸길이 약 38센티미터의 중형 올빼미류이다. 언뜻 보면 수리부엉이와 흡사하지만 크기가 수리부엉이보다 훨씬 작다. 반면 머리에 난 깃은 더 길다. 우리나라에는 10~11월의 이동 시기에 소나무 숲에서 볼 수 있는 겨울철새이다.

8 | **금눈쇠올빼미** Athene noctua, Little owl : 또렷한 흰 눈썹이 부리에서 머리 뒤쪽까지 연결된 것이 특징이다. 올빼미과 중에서는 비교적 소형종으로, 다른 올빼미들과 달리 유난히 큰 머리와 노란색 눈을 가지고 있다. '보오~ 보오~' 하고 운다. 겨울철새로 알려져왔지만 최근에 우리나라에서 번식한 기록이 있다.

9 | **솔부엉이** *Ninox scutulata*, Brown hawk-owl : 여름철새로 몸통이 흰색 바탕에 갈색 점들이 있는 것이 특징이다. 머리깃이 없으며, '후후후' 하는 소리를 낸다. 다른 올빼미류와 달리 뚜렷한 얼굴면이 발달하지 않았다.

5

수리부엉이의 비극

수리부엉이가 인간과 가까이 산다는 것은 생존에 유리한 조건이 되기도 하지만, 때에 따라서는 불리한 조건이 되기도 한다. 한동안 우리 주변에서 수리부엉이를 목격하는 것이 어려웠다는 데서 수리부엉이의 시련의 역사를 읽을 수 있다. 그러나 함께 살아가야 할 동반자인 수리부엉이의 시련은 지금도 계속되고 있다.

이번 장에서는 수리부엉이와 함께 살아가기 위해 어떤 조건이 필요한지 살펴보고자 한다. 과거 쥐잡기 운동에 온 나라가 매달리는 사이 수리부엉이에게 어떤 일이 있었을까? 그 끔찍한 일을 떠올리는 것은 유쾌한 작업은 아니지만 반드시 되짚고 넘어가야 하는 일이다. 그리고 지금도 밤마다 일어나고 있는 로드킬과 우리도 모르는 사이 벌어지는 감전사도 진지하게 검토하고 대책을 서둘러야 하는 문제이다.

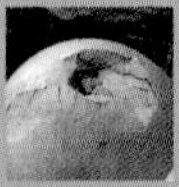

2007년 6월 유럽의 야생동물계를 흥분의 도가니로 몰아넣은 사건이 벌어졌다. 핀란드와 벨기에의 축구경기가 벌어진 핀란드의 헬싱키 올림픽 경기장에 느닷없이 수리부엉이가 나타난 것이다. 이 사실을 보도한 사스카 스넬만 기자는 '크고 아름다운 야생동물에 대한 충격과 경외감을 느꼈다' 고 보도했다. 벨기에의 골대에 앉아 있던 수리부엉이가 이번에는 핀란드의 골대에 앉았다. 3만 명에 달하는 수많은 관중들은 일제히 소리쳤다.

"후카자(Huuh-ka-ja)!"

'후카자' 는 수리부엉이를 뜻하는 핀란드 말이다. 테러리스트를 막기 위한 철통 같은 방어막을 뚫고 들어온 거대한 새 수리부엉이는 축구장에 모인 사람들을 매료시켰다. 20여 분 후 사라지긴 했지만 수리부엉이는 부비Bubi라는 별칭을 얻으며 핀란드 사람들의 기억 속에 여전히 살아 있다.

수리부엉이의 느닷없는 출현이 핀란드 사람은 물론이고 많은 유럽 사람들의 관심을 끈 것은 수리부엉이를 보기가 쉽지 않다는 반증이기도 하다. 최

© 로이터 연합

핀란드와 벨기에의 축구경기 중 갑자기 모습을 나타낸 수리부엉이. 헬싱키 축구장 주변으로 토끼가 많아 수리부엉이를 곧잘 볼 수 있다.

근 영국에서도 한동안 사라졌던 수리부엉이가 돌아왔다고 호들갑을 떤 적이 있다. 도시화가 진행되면서 수리부엉이를 보기가 더욱 어려워졌으니 말이다. 다만 헬싱키의 경우처럼 최근 들어 도시화된 환경에 적응한 수리부엉이가 늘고 있어 세간의 관심을 끌고 있기는 하다.

유럽에서는 야생동물에 대한 조사가 철저하게 이루어지는 데 반해, 우리나라의 경우 수리부엉이가 몇 마리 살고 있는지조차 모른다. 이것뿐이겠는가. 우리나라의 대표적인 동물 중 하나인 고라니가 몇 마리 살고 있는지 알길이 없다. 체계적인 개체수 조사가 이루어지지 않았기 때문이다. 그렇다 보니 줄었다거나 늘었다는 표현 자체가 우스운 말이다. 기준이 없는데 어떻게 증감을 말할 수 있으랴. 지난 50년 전에 비해 수리부엉이의 수가 감소했다는

ⓒ 로이터 연합

것은 누구나 아는 사실이다. 하지만 학술적인 근거를 들어 설명할 수 없는 것이 우리의 현실이다.

필자는 올해로 14년째 한국의 야생 세계를 누비고 있다. 그렇게 긴 시간은 아니지만 특정 동물을 집중적으로 관찰 · 촬영하다 보면 학자들이 보지 못하는 새로운 면을 많이 보게 된다. 어떤 동물이 어느 정도 있고 어디에 주로 살고 있는지 언제 번식하는지에 대한 개략적인 정보도 풍부하게 파악하고 있다. 그래서 현장 경험이 학술적으로 뒷받침되어 체계적인 판단을 하는 데 도움을 주기도 한다. 현장 경험에 의존해 생태정보를 터득하는 일도 적지 않다. 현장의 경험들은 때로는 좋은 데이터가 된다. 이것이 체계화되면 야생에 관한 새로운 역사도 쓸 수 있을 것이다.

지금부터 말하고자 하는 내용은 철저히 현장 취재를 통해 얻게 된 사실들이다. 체계적인 연구서가 없으니 달리 방법이 없다. 현장 프로듀서의 소중한 경험이 수리부엉이를 조금이라도 더 아는 데 도움이 되길 희망한다.

전국적인 쥐잡기 운동

자연 다큐멘터리의 하이라이트는 번식과 사냥 장면이다. 대부분의 다큐멘터리가 맹금류의 사냥 장면을 '약자에 대한 강자의 승리' 또는 '강자의 성장을 위한 약자의 불가피한 희생'으로 설명하곤 한다. 필자도 자연 다큐멘터리 제작을 위해 현장을 누비다보면 스스로 얼마나 '적자생존'이라는 원칙에 물들어 있는지 깨닫게 된다. 하지만 자연이라는 거대한 원리는 적자생존이라는 틀로만 이해할 수 없다.

쥐는 언뜻 보기에 쓸모없고 퇴치해야 할 대상 같지만 반드시 그렇지 않다. 만일 세상에 쥐가 없으면 인간마저 멸종대상이 될 수도 있다. 생태계가 교란되면 상상할 수 없는 대변혁이 서서히 진행되기 때문이다.

중세 유럽에서 숲을 개척하면서 늑대를 제거한 결과 쥐의 수가 걷잡을 수 없이 늘어나 흑사병이 창궐했다. 우리의 경우를 보아도 수리부엉이가 한동안 우리의 시야에서 사라진 이유를 과거 대대적으로 펼쳐졌던 쥐잡기 운동에서 찾을 수 있다.

생명의 원천, 쥐

수리부엉이를 발견하는 것은 쉬운 일이 아니다. 수리부엉이의 활동 반경이 2킬로미터로 넓은 편이라 일정 지역에 많은 개체가 서식하기는 어렵기 때문이다. 게다가 먹이 확보에 문제가 없다 하더라도 둥지를 틀 수 있는 공간이 있어야 하기 때문에 더더욱 그렇다. 또한 수리부엉이는 먹이 사슬의 최정점에 위치해 있으므로 수리부엉이의 숫자가 많아지면 생태계 균형이 깨질 수 있다.

그렇다고는 하지만, 마을마다 밤이 되면 울어대던 수리부엉이 소리가 이제 더이상 들리지 않는다. 어린아이들이 수리부엉이에게 갖는 두려움도 없어졌다. 실제로 한밤중 으슥한 곳에서 수리부엉이 소리를 들어봤어야 두려움도 생기는데, 들어본 적이 없으니 두려움이 생길 이유가 없다. 기껏해야 외국에서 만든 동물 책에서나 수리부엉이를 보고 '부엉~ 부엉~' 흉내 낼 뿐이다.

수리부엉이가 우리의 곁을 떠나게 된 이유는 무엇일까? DDT, 농약, 쥐약 등 과다한 약물 사용으로 수리부엉이가 2차 피해를 입은 데서 답을 찾을 수 있다.

과거 농촌에서 많이 사용한 살충제 DDT는 수리부엉이를 비롯한 많은 야생동물에게 피해를 입혔을 것으로 추정된다. DDT는 칼슘 대사를 방해해 칼슘을 생성하지 못하게 만들기 때문에 얇고 약한 껍질의 알을 낳게 한다. 그 결과 알은 부화되기도 전에 쉽게 깨지고 만다. 한 연구 결과에 따르면 킹독수리, 자이언트 독수리와 같은 육식성 독수리는 다름아닌 DDT 농축으로 개체수가 급격히 감소했다. 지용성인 DDT는 생물의 지방층에 축적돼 상위 소비자에게 갈수록 더 큰 피해를 준다. 수리부엉이 같은 상위 포식자는 독성 물질의 농도가 높아져 큰 피해를 입는다.

무엇보다 수리부엉이의 역사적 비극의 가장 큰 원인은 '전국적인 쥐잡기 운동'에 있다. 먹고 살기 힘들었던 1960~1970년대에는 낟알 한 톨도 소중했다. 쥐는 쌀을 몰래 훔쳐 먹는 동물로 공공의 적이 되었다. '잘 살아보세'를 막는 쥐는 어떻게 해서라도 박멸해야 했다. 번식력이 왕성한 쥐를 퇴치하기 위해서 동원한 방법은 쥐약을 놓는 것이었다.

쥐잡기 운동은 전국적으로 확산되었다. 공권력이 동원됐기 때문에 가능한 일이었다. 전국적인 쥐잡기 운동을 주도한 사람들은 한 가지만 생각했다. '소중한 쌀을 지키는 것만이 살길이다.' 어쩔 수 없는 선택이었는지도 모른다. 그러나 이것이 바람직한 방향이었는지는 다시 생각해볼 필요가 있다. 쥐를 부분적으로 죽일 수는 있어도 다 죽일 수는 없다. 그리고 남은 쥐가 다시 번식을 시도해 또다시 그 수가 늘어난다.

간과한 사실이 하나 더 있다. 쥐가 자연 생태계에서 어떤 역할을 하는지에 대한 고려가 전혀 없었다는 점이다. 살기도 바쁜 시대적 상황에 자연의 문제까지 고려했어야 한다고 말하는 것은 너무 가혹한 비판인지도 모르겠다. 하지만 정책을 실시하기 위해서는 다양한 측면을 고려해야 한다. 더욱이 쥐약(독극물)을 사용한 쥐잡기는 다른 나라에서 이미 그만둔 방법이었다. 부작용의 측면이 너무 많다는 이유에서였다. 쥐약을 먹은 쥐를 다른 동물이 먹고 죽어가는 사례가 너무 많았던 것이다.

쥐는 하찮은 존재로 보일지 모르나 황조롱이나 여우, 수리부엉이를 비롯한 올빼미를 먹여 살리는 생명의 원천이다. 북극 지방에서 번식하는 흰올빼미가 있다. 흰올빼미 또한 쥐를 주로 잡아먹고 산다. 이 지역에 흰올빼미의 수가 늘어나면 쥐는 줄어든다. 어느 시점이 되면 먹이가 부족해져 흰올빼미가 줄어든다. 그러면 다시 쥐가 늘어나고, 먹이가 풍부해져 흰올빼미가 늘어난다. 이처럼 쥐와 쥐를 주식으로 하는 흰올빼미는 긴장 관계를 가지며 서로의 수를 조절한다. 어느 한쪽이라도 없어진다면 두 종 모두 사라져버린다. 천적관계로 엮인 두 종은 다투는 것 같지만 사실은 서로를 필요로 하는 상생의 존재로 살아간다. 이것이 자연의 오묘한 이치다. 따라서 쥐를 포식자의 사냥감으로만, 이 세상을 적자만 생존하는 곳으로만 바라볼 수 없는 것이다.

ⓒ 로이터 연합

올빼미과에 속하는 '흰올빼미'

쥐잡기 운동, 그 후

우리나라의 경우, 전국적인 쥐잡기 운동으로 어떤 상황이 벌어졌을까? 우선 쥐가 줄어들었으니 쥐를 잡아먹는 동물들도 함께 줄어들었다. 수리부엉이와 여우는 제대로 번식하지 못했을 것이다. 자연계에서 쥐를 조절해주는 동물이 줄었으니 쥐는 더욱 번창했다. 말 그대로 쥐를 '박멸'하지 않는 한, 쥐는 사람들이 잡는 이상으로 늘어났다. 그리고 포식자가 늘어나기도 전에 다시 쥐를 잡아버리는 구조의 악순환이 계속되었다.

그런데 쥐잡기 운동에 사용된 약은 더 큰 문제를 앉고 있었다. 쥐약을 먹고 비틀거리는 쥐는 많은 포식자들에게 손쉬운 먹잇감이다. 배가 고픈 수리부엉이는 쉽게 먹이 사냥에 성공한다. 그러나 그날은 수리부엉이의 제삿날이다. 쥐약은 2차 중독을 일으켜, 쥐를 먹은 개체까지 죽게 만든다. 키우고 있는 새끼가 있으면 그 새끼마저 죽고 말 것이다.

2차 중독의 사례는 최근에도 있었다. 김포의 한 마을에 필자가 관찰해오던 수리부엉이 둥지가 하나 있었다. 그런데 2008년 3월 말 끔찍한 일이 발생했다. 어미와 새끼 세 마리가 한꺼번에 죽은 것이다. 수리부엉이 일가족 대참사라 할 만했다. 원인은 전형적인 2차 중독이었다. 독약을 먹고 죽은 꿩을 나눠 먹은 후 수리부엉이 가족 모두가 죽은 것이다. 과거 쥐잡기 운동이 한창일 때, 이와 유사한 2차 중독으로 인한 죽음이 곳곳에서 벌어졌을 것이다. 들녘 어딘가에서 죽어간 수리부엉이, 올빼미, 여우, 황조롱이…….

쥐약으로 인한 2차 중독과 관련해 더 안타까운 것은 우리나라의 쥐잡기 운동이 '전국적으로 동시다발로' 전개됐다는 점이다. 동물은 일시적으로 수가 줄어들어도 원인이 제거되고 시간이 지나면 개체수가 다시 회복될 수 있다. 하지만 전국적으로 피해를 입는다면 회복될 수 있는 가능성은 사라진다. 아니 그 종의 절멸로 이어질 수도 있다.

그 대표적인 예가 여우다. 전 세계 북반구 대부분의 나라에서 살고 있는 여우가 우리나라 야생에서는 살지 않는다. 1978년 밀렵꾼에 의해 지리산에서 포획된 이후로 여우의 모습을 볼 수 없다. 2004년 강원도 양구에서 느닷없이 여우 한 마리가 사체로 발견된 적이 있기는 하다. 하지만 여기에는 석연찮은 면이 없지 않다. 20년 이상 발견되지 않다가 갑자기 사체로 발견되었기 때문이다. 그 후 정밀 조사가 이루어졌으나 여우의 흔적은 발견되지 않았다. 이처럼 여우가 사라진 결정적인 원인 중 하나도 쥐약이다. 여우는 깊은 산보다는 야산에 주로 산다. 밤에는 마을로 내려오는 것도 마다 않는 전형적인 쥐 사냥꾼이다. 쥐구멍 앞에서 기다리다가 쥐가 나오면 점프해서 쥐를 잡

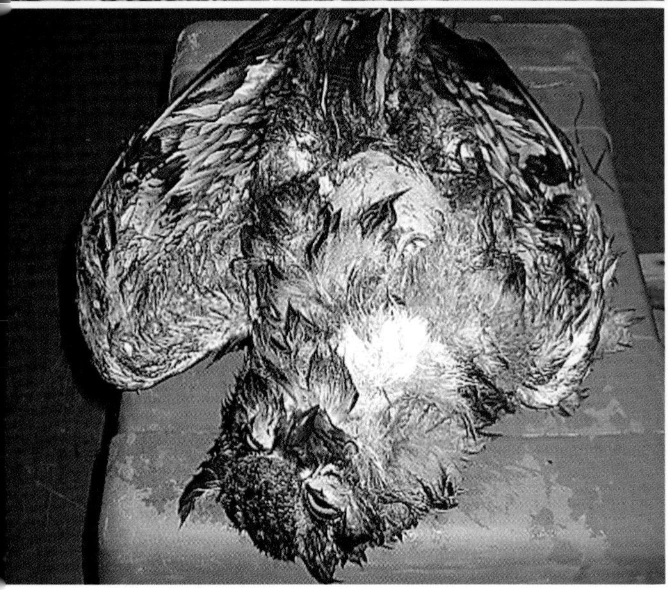

왼쪽 위 | 독극물을 먹고 죽은 꿩. 수리부엉이가 먹은 흔적이 보인다.
오른쪽 위 | 독극물을 먹고 죽은 꿩을 먹어 태어난 지 한 달 만에 죽은 수리부엉이 새끼들.
왼쪽 아래 | 독극물을 먹고 죽은 수리부엉이 암컷. 배에 포란반이 선명하다.
오른쪽 아래 | 필자가 4년 동안 관찰해온 수리부엉이가 독극물로 인해 죽었다(파주 법흥리).

독극물을 먹고 죽은 꿩을 먹은 후 2차 중독으로 물에 빠져 죽은 수리부엉이를 조류보호협회 김포지회 회원이 건져내고 있다.

는 것이 여우의 특기이다. 이런 여우에게 쥐약을 먹고 힘을 못 쓰는 쥐는 그저 주워 먹는 밥에 지나지 않았다. 그렇게 이 동네 저 동네 할 것 없이 여우는 죽어갔다. 순식간에 줄어든 여우는 회복될 여지마저 빼앗겼다. 짝을 찾기 힘들어졌고, 살아남았다 하더라도 근친교배라는 암초를 만나 시나브로 사라졌다. 이와 같은 여우의 운명은 전 세계 어디에서도 찾아보기 힘든 사례이다. 여우 털을 얻기 위한 남획으로 그 수가 줄어들기는 했어도 우리나라처럼 절멸에 이른 경우는 없다.

그렇기 때문에 야생의 생태계가 균형을 유지하기 위해서는 쥐와 그 상위 포식자의 수가 적절하게 균형을 이뤄야 한다. 쥐잡기 운동을 전개했던 사람들은 어마어마한 쥐를 잡았으니 더 이상 쥐가 없을 것이라고 생각했겠지만 쥐는 여전히 건재하다. 수리부엉이와 여우 등 쥐를 주식으로 먹고 살던 동물들만 애꿎은 피해를 입었다. 왜 쥐를 먹고 살아가는 동물들을 잘 보호해서 쥐의 수를 조절하겠다는 발상은 하지 못했을까. 인간의 힘으로 해로운 쥐를 없애고 생태계를 바꿔보겠다는 정책은 전제주의적인 발상일 뿐이다. 쥐잡기 운동은 야생 세계의 균형을 파괴하는 일이 얼마나 끔찍한 결과를 가져올 수 있는지 교훈적으로 보여주고 있다.

그나마 세월이 흐르면서 수리부엉이는 차츰 그 수가 늘어나고 있다. 쥐약으로 인한 대량 폐사가 거의 없어지고, 외부에서 유입될 수 있는 여지가 생겼기 때문이다. 수리부엉이는 북쪽에서 우리나라로 이동해오는 개체도 가끔 있는 것으로 알려져 있다. 하지만 여우는 휴전선이라는 장벽 때문일까? 외부 유입의 가능성마저 차단되면서 더 이상 보기 힘들어지고 말았다.

죽음의 덫 : 로드킬과 감전사

길 위에서

수리부엉이를 사망에 이르게 하는 것이 쥐약을 비롯한 독극물만은 아니다. 길 위에서 죽는 로드킬은 수리부엉이의 가장 큰 적이다. 더욱이 마을이나 농경지 주변 구석구석에 뻗어 있는 도로들로 밤낮을 가리지 않고 차들이 달린다. 수리부엉이는 이동을 위해 도로를 가로지를 수밖에 없다. 그 과정에서 자동차의 헤드라이트는 수리부엉이의 시야를 방해한다. 갑작스런 강한 불빛에 수리부엉이는 방향을 잃고 차와 부딪친다.

또한 도로가에 있는 먹이를 잡기 위해 달려들었다가 차와 충돌하기도 한다. 수리부엉이의 생존의 길목에는 인간 문명의 이기들이 버티고 서 있다. 도로 위에서 죽는 로드킬은 비단 수리부엉이만의 문제는 아니다. 수많은 야생동물들이 도로 위에서 이유 없이 죽어간다. 야생동물의 땅이었던 길은 인

인간의 편의가 커질수록 동물들의 생존은 어려워진다. 로드킬은 수리부엉이의 가장 큰 사망 원인이다.

간에게 빼앗기고, 생명의 길은 죽음의 길로 바뀐다.

차를 몰고 이동하다 보면 도로 곳곳에서 한밤중에 일어난 끔찍한 사건의 흔적을 볼 수 있다. 그중 고라니의 사체는 더욱 눈에 띈다. 새들보다 덩치가 큰 관계로 죽은 모습이 잘 보이는 것이다. 고라니 정도의 크기와 차가 부딪치면 대형 교통사고로 이어질 수 있다. 도로 위의 고라니를 피하기 위해 핸들을 급하게 틀면 운전자의 생명도 위험해진다. 이러한 사고들은 하루가 멀다 하고 벌어지지만 개선책은 없어 보인다. 동물들이 통과하지 못하도록 도로가에 가드레일을 설치해야 로드킬을 방지할 수 있다. 그러나 어느 곳에서도 야생동물을 위한 배려는 없다.

그렇다면 야생동물의 로드킬은 왜 일어난 장소에서 또다시 일어나는 것

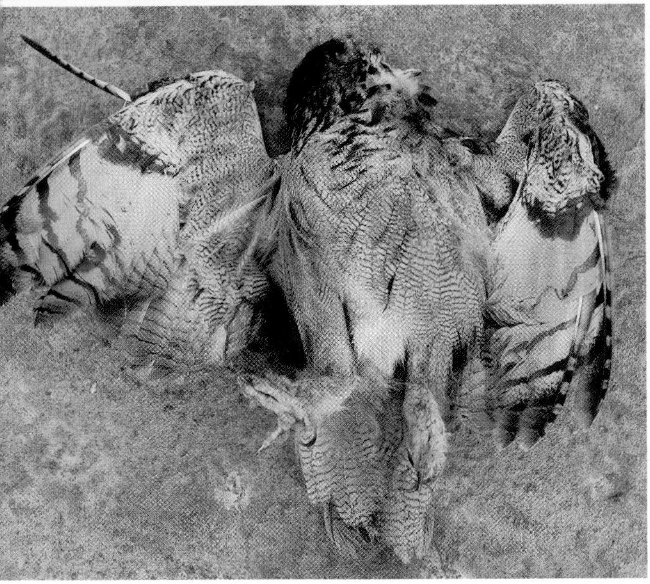

위 | 도로 위 고라니의 죽음. 세계적으로 한반도 주변에서만 서식하는 고라니.
왼쪽 아래 | 시화호 습지에서 사고로 죽은 수리부엉이.
오른쪽 아래 | 도로 위에서 죽은 큰소쩍새.

일까? 야생동물들은 다니던 길을 반복적으로 다니는 습관이 있다. 흔히 '길목' 이라고 하는 곳은 동물의 입장에서 선택할 수밖에 없는 장소이다. 그곳이 다니기에 가장 좋다고 여기기 때문이다. 밀렵꾼들은 덫을 놓아도 길목에 놓는다. 그러면 같은 장소에서 여러 마리를 잡을 수 있다. 길목에 도로를 만들면 야생동물들은 습관적으로 그 도로를 건너려 한다. 이 도로가 위험한 곳이라는 것은 모른 채 오히려 건너기 좋은 도로로만 알고 있다. 결과가 어떻게 될지는 뻔하다. 어제 어미가 죽은 바로 그곳에서 그 자식도 죽어간다.

새끼를 키우는 번식기에 수리부엉이 어미가 사고를 당한다면 한 마리의 죽음으로 끝나지 않는다. 수리부엉이 새끼들은 영문도 모른 채 무작정 어미를 기다리다 굶어죽게 된다. 만약 수컷이 죽더라도 상황은 마찬가지다. 사냥을 해오는 수컷이 사라지면 암컷 혼자 새끼를 키워낼 수 없다. 더욱이 수리부엉이가 번식하는 겨울철은 기온이 낮아, 굶게 되면 체력 저하는 더 빨리 온다. 새끼들이 죽어가지만 어미는 달리 선택할 방법이 없다. 사냥을 위해 둥지를 비우면 새끼들은 추워서 죽을 것이고, 둥지만 계속 지키면 새끼들이 자신의 품속에서 죽어가는 것을 지켜봐야 한다. 새끼들이 먹이를 달라고 아무리 소리쳐도, 암컷이 먹이를 가져오라고 아무리 외쳐보아도 들려오는 것은 공허한 메아리뿐이다. 며칠 후 새끼들의 싸늘한 죽음을 맛보게 될 것이다. 로드킬이 가져오는 비극이다.

아무도 모르는 수리부엉이 감전사

수리부엉이를 죽음으로 내모는 원인으로 로드킬이 가장 큰 부분을 차지하지만 감전도 빼놓을 수 없다. 전류는 두 물체가 있으면 저항이 적은 쪽으로 흐르기 마련이다. 만약 사람이 서서 피복이 없는 전깃줄을 만지면 전류가 사람에게 흘러 감전되어 죽고 말 것이다. 우리가 사용하는 전기는 교류전기로서, 한 선에는 전류가 흐르고 있지만 다른 한 선은 지면과 연결된 접지선이다. 땅은 가장 전위가 낮은 곳이므로 전류는 사람의 몸을 통해 땅으로 흐른다. 다시 말하면 감전되는 것이다.

작은 새들은 전선에 앉아서 편안하게 휴식을 취한다. 그런데도 왜 감전되지 않을까? 이유는 간단하다. 새가 전선에 앉아 있다 하더라도 새는 전선에 비해 더 높은 저항을 가지고 있다. 따라서 전류는 구리 전선으로 흐를 뿐 새에게 흐르지 않는다. 전류는 전위가 높은 곳에서 낮은 곳으로 흐른다. 마치 물이 높은 곳에서 낮은 곳으로 흐르는 것과 같은 이치다.

만약 새가 전선 두 줄에 각각 한 발씩을 딛고 있다면 어떻게 될까? 한쪽 발 부분은 분명히 전위가 낮을 것이므로 전류가 구리선보다도 전위가 낮은 곳을 발견하고 새의 몸을 통해 흘러 새가 감전되고 만다. 일반적으로 새가 두 가닥의 전깃줄에 양다리 걸치는 경우는 드물지만 수리부엉이와 같은 큰 덩치의 새는 경우가 다르다.

2004년 12월 19일과 20일 사이 독수리 월동지인 파주 인근의 민통선 지역에서 의외의 사건이 발생했다. 이 지역은 먹이가 부족한 상황을 고려해 해마다 독수리에게 먹이주기 행사를 해오던 곳이다. 그런데 고압선 주변에서 독수리들이 떼죽음을 당한 것이다. 사건 현장에서 독수리 한 마리는 22,000볼트 고압선 전봇대의 변압기에 숨져 걸려 있었고, 10여 마리는 전봇대 아래에서, 나머지 독수리는 전봇대에서 멀지 않은 곳에서 각각 발견되었다. 이들 또한 감전사로 추정되었다. 2003년에도 독수리 20여 마리가 전봇대 근처에서 죽는 일이 발생한 적이 있었다.

이러한 감전사가 발생한 원인은 어디에 있을까? 독수리가 22,000볼트의 고압선에 앉아 있기만 했다면 몸의 어느 부분이나 22,000볼트를 유지하기 때문에 전위차가 발생하지 않아 전류가 흐르지 않는다. 하지만 고압선에 앉아 있던 독수리가 전신주나 전신철탑을 건드렸다면 상황은 달라진다. 독수리가 감전으로 죽고 마는 것이다. 지면과 연결된 전신주는 0볼트이기 때문에 고압선에 앉은 독수리가 전신주를 건드리는 순간 독수리의 몸과 전신주 사이에 22,000볼트의 전위차가 생겨 독수리의 몸을 통해 전신주로 전류가 흐른다. 실제로 독수리는 먹이를 먹고 쉬는 시간에 주변의 나무를 물어뜯는 습성이 있어서 전신주를 건드렸을 가능성이 크다.

독수리처럼 무리를 이루어 사는 조류들은 한번 죽게 되면 여러 마리가 함께 죽기 때문에 방송과 신문을 통해 세상에 알려지기도 한다. 하지만 수리부엉이의 경우는 거의 단독으로 움직이기 때문에 죽었다 하더라도 감전사라 여겨지지 않는다. 그저 원인 모를 이유로 죽었겠지 하는 정도로 추정만 할 뿐이다.

한국조류보호협회 김포지회에서 활동하는 신현칠 동물구조단장에 의하면 수리부엉이 감전사가 의외로 많이 발생한다고 한다. 부상당한 수리부엉이는 날개에 화상을 입어 서서히 썩어 죽는다. 수리부엉이가 감전사하는 이유는 비가 오는 날 젖은 전주에 앉아 있다가 감전당하거나

전기에 감전당해 치료 중인 수리부엉이(김포, 2006년 8월).

날갯짓을 하다가 전선과 전주, 또는 전선과 전선을 함께 건드리기 때문이다. 우리나라에서 수리부엉이의 감전사에 관한 보고서를 찾아보기란 힘들다. 야생동물이 인간을 위한 시설에 죽어감에도 아무런 대책 하나 세워주지 않는 것이 우리의 모습이다. 유럽의 경우 감전사가 수리부엉이의 사고사 중 두 번째로 많은 원인임을 인식하고 대책을 서두르고 있다. 반면 우리는 연구자들조차 수리부엉이가 감전사할 수 있다는 사실을 인식하지 못하고 있다. 기초조사를 실시해 수리부엉이를 비롯한 조류의 감전사를 새롭게 인식하고 방지 대책을 마련하는 것이 절실하다.

⁝ 닭장 습격 ⁝

2007년 한 해 동안 수리부엉이에 관한 뉴스로 가장 많이 등장한 것은 닭장침입에 관한 뉴스가 아니었나 싶다. 예전부터 수리부엉이는 민가 부근에서 먹이를 많이 취했다. 헛간에서 나오는 쥐를 잡는 것은 물론이고 닭을 물고 가는 것도 빈번했다. 닭장 안에 있는 닭을 잡기란 힘들다. 하지만 울타리를 하지 않고 마당에 방사해 키우는 닭은 수리부엉이의 표적이 되기 십상이다. 또한 울타리를 크게 치고 키우는 닭이나 오리는 수리부엉이에게 잡아가라고 내놓은 것과 다름없다. 그러나 이런 경우 민가의 피해가 있다 하더라도 큰 손해를 입는 것은 아니다. 닭 한 마리 보시했다고 생각하면 그만이다.

그런데 최근의 상황은 조금 다르다. 여기저기에서 수리부엉이 한 마리 때문에 닭이 수백, 수천 마리씩 집단 폐사하는 일이 일어나는 것이다. 피해액만도 몇백만 원에서 몇천만 원에 이른다. 2007년도에만 파주, 괴산, 고성

등 곳곳에서 수리부엉이가 양계장에 침입했다. 수리부엉이 입장에서는 닭장에 있는 먹이가 탐이 났을 수밖에 없다. 먹이가 한창 많이 필요한 시기에 손쉽게 잡을 수 있는 먹이인 닭을 보고 수리부엉이가 그냥 지나치기란 힘들다. 닭장의 틈새를 이용해 한두 마리 정도 잡아갈 생각이었을 것이다. 그리고 용기를 내어 들어가는 데 성공하지만…….

양계장은 닭을 수만 마리씩 대규모로 한정된 공간에서 사육한다. 양계장에 낯선 침입자가 나타나면 침입자를 피해 닭들이 한곳에 몰리기 마련이다. 그러면 넘어진 닭 위에 또 다른 닭이 넘어진다. 이 과정에서 동시에 많은 닭들이 압사당하고 만다. 한 마리 닭을 잡기 위한 수리부엉이의 침입은 대량살상이라는 결과를 낳는다. 그리고 그 많은 죗값을 수리부엉이 혼자 짊어진다.

농가에서는 몇 마리 가져가는 것은 용인하겠다는 입장이다. 그러나 생업인 양계 자체에 큰 타격을 주는 것은 참을 수 없다. 더 큰 문제는 수리부엉이가 닭장에 들어왔다 하더라도 함부로 잡을 수 없다는 점이다. 천연기념물인 수리부엉이를 때려잡았다가는 잡혀갈 것이 뻔하기 때문이다. 농민들은 진퇴양난이다. 잡자니 벌을 받을 것 같고, 놔두자니 피해는 눈덩이처럼 불어나고…….

수리부엉이의 입장에서 한번 하소연을 들어보자. 한두 마리 잡았다고 일방적으로 몰아세우는 것은 너무하지 않느냐는 입장이다. 더구나 들판에는 잡을 먹이도 없는데 어떻게 살아가라는 것이냐고 항변한다. 많은 닭이 죽은 것은 닭들이 과민반응해서 생긴 일이지 결코 자신이 죽인 것은 아니란다!

농가와 수리부엉이의 갈등을 조정하기 위해서는 정부의 개입이 필요하다. 우선 닭을 키우는 양계농가로부터 피해신고가 있으면 침입방지시설을 설치할 수 있도록 정부에서 지원을 해주어야 한다. 또한 피해가 생길 경우 적절한 보상을 해주는 것이 바람직하다. 그것도 현실적인 보상이 뒤따라야만 수리부엉이의 생존을 보장할 수 있다. 이는 천연기념물로 지정해 보호하고 있는 우리가 할 수 있는 최소한의 조처이다.

그러나 현실에서는 그렇지 못하다. 야생동물로 인한 가금류 피해는 보상이 이루어지지 않는다. 농작물(벼, 옥수수 등) 피해는 보상해주면서 가금류 피해를 보상해주지 않는 것은 상식적으로 납득이 되지 않는다. 관련 규정이 없기 때문이다. 과거에 이러한 피해 사례가 없었기 때문이라지만 이제는 곳곳에서 피해가 생기고 있는데 현실적인 대안을 마련하지 않는 것은 무책임한 태도이다. 천연기념물로 지정해놓고 아무런 보호책도 시행하지 않을 것이라면 처음부터 지정하지 않는 편이 낫다. 피해와 천연기념물 사이에서 고민하는 농민들을 조금이라도 헤아리는 태도가 필요하다. 그리고 그것이 바로 이제 막 개체수 회복을 보이기 시작한 수리부엉이를 보호하는 지름길이다.

수리부엉이의 공격을 받아 집단 폐사한 닭들(괴산, 2007년 7월).

⁝ 또 하나의 아이러니 ⁝

앞서 지적했듯이 수리부엉이의 개체수를 산정하는 것은 무척 어려운 일이다. 전국적인 조사 · 연구가 이루어지지 않는 한 수리부엉이에 관한 그 어떤 통계도 추측에 지나지 않는다. 다만 최근의 동향에 대한 조심스러운 분석은 가능할 듯하다.

수리부엉이는 전통적으로 마을의 뒷산 바위 지대나 암벽 틈새에 둥지를 튼다. 그리고 삼림이 빽빽하게 우거진 곳보다는 확 트인 공간이 있는 산지나, 숲과 개활지 사이 경계부에 사는 것이 일반적이다. 1960~1970년대에는 산속 깊은 곳까지 민가와 농경지가 있었다. 따라서 그곳에서 쥐나 토끼를 구하기가 쉬웠다.

지금은 어떠한가? 화전민을 비롯한 산지 마을이 하나 둘 사라졌다. 마을에서 멀리 떨어져 있는 논과 밭은 묵히기 일쑤다. 또한 산림녹화사업이 착착 진행되면서 숲이 울창하게 우거졌다. 1952년에 산림 녹화율은 51퍼센트였으나 1987년에 이미 99퍼센트를 달성했다. 지금은 전국의 거의 모든 산이 나무들로 우거져 있다. 그러다 보니 전통적인 의미에서 수리부엉이가 살 수 있는 서식공간은 많이 줄어들었다. 전국적인 쥐잡기 운동의 여파로 수리부엉이의 수가 급격하게 줄어든 것도 주지의 사실이다.

이 와중에 살아남은 수리부엉이마저 산림이 우거지면서 새로운 서식지를 찾아나서야 하는 운명을 맞는다. 도로를 뚫기 위해 산을 깎아 절개지를 만들면 수리부엉이는 그곳에서 둥지 만들 곳을 찾아냈다. 대표적인 곳이 충주이다. 남한강 주변을 중심으로 도로를 내면서 산을 절개했고, 그 절벽 바위틈에서 둥지 공간을 찾은 것이다. 먹이는 남한강변의 오리류들이 제공하고 있다. 어떤 곳은 둥지 간 거리가 1킬로미터도 채 되지 않는다.

산을 깎아내린 채석장도 수리부엉이에게 좋은 번식 장소를 제공한다. 채석장의 돌 틈새는 둥지를 틀기에 적격이다. 그 어떤 천적도 접근하기 힘들기 때문이다. 이러한 둥지는 강화도, 안산 등 곳곳에서 발견할 수 있다. 과거와는 전혀 다른 곳에서 둥지를 틀고 있는 모습에서 우리는 수리부엉이의 생존을 위한 놀라운 적응력을 읽을 수 있다.

수리부엉이의 남다른 적응력은 다른 곳에서도 엿볼 수 있다. 갯벌을 매립하면 바다에 잠겨 있던 바위절벽들이 노출되기 마련인데, 이곳은 수리부엉이에게 또 하나의 서식처가 되어준다. 둥지 공간과 먹이가 동시에 확보되기 때문이다. 그 대표적인 장소가 시화호 일대의 습지이다. 갯벌을 매립한 후 상류지역에 물이 마르면서 갈대습지가 생겨난 것이다. 그 후 이곳으로 오리, 쥐, 토끼, 꿩 등 수리부엉이의 다양한 먹이동물들이 찾아들었다. 먹이가 있으면 수리부엉이가 접근하기 마련이다. 과거 바다에 있던 작은 섬들이 육지화하면서 수리부엉이에게는 안성맞춤의 둥지를 제공했다. 환경파괴의 대명사인 갯벌매립의 아이러니다. 시화호 습지는 먹이와 둥지가 보장된, 더구나 인적마저 드문 최적의 서식지이다. 이곳은 필자가 관찰한 지역 중에 수리부엉이 둥지로는 밀도가 가장 높은 곳이다.

한편에서는 기존 서식지들이 개발로 인해 파괴되었고, 산림녹화로 인해 사라졌다. 다른 한편에서는 개발의 뒤편에서 수리부엉이가 자신이 살 곳을 적극적으로 찾아나섰다. 생물학적 아이러니가 아닐 수 없다. 이러한 두 가지 현상을 고려한다면 수리부엉이가 우리의 눈에 띄는 것은 개체수가 늘

위 | 시화호 갈대 습지 전경. 시화호는 풍부한 먹이와 절벽 위 바위 틈이라는 좋은 둥지를 제공한다.
아래 | 수리부엉이 한 마리가 아파트 피뢰침 위에 앉아 있다.

어서가 아니라 우리 눈에 잘 띄는 곳에 서식지를 마련한 결과임을 짐작할 수 있다. 산속 깊은 곳(과거에는 나무가 없고 산속 민가 부근에 쥐가 많아 서식지로서 가능했다)에서 지금의 강가와 평지로 진출한 것이다. 결국 취약으로 인해 수리부엉이의 수가 절대적으로 줄어든 측면만이 남는다. 수리부엉이는 종 절멸의 위기에서 살아남기 위해 필사적으로 허우적댔고, 지금도 진행형이다.

다만 최근 들어 수리부엉이에 대한 보호 노력이 계속되면서 그 수가 조금씩 늘고 있고, 개체수 회복이 미미하게나마 진행되고 있다고 조심스럽게 추정할 뿐이다. 밤의 제왕 수리부엉이 제국의 조속한 번창을 기대해본다. 그것은 수리부엉이를 위해서나 자연계의 건강한 균형을 위해서나 반드시 필요한 일이다. 또한 인간을 위한 길이기도 하다.

| 닫는 글

제작노트 : 수리부엉이 제국의 부활

2005년부터 3년 동안 수리부엉이 촬영에 매달렸다. 이런 작업이 때로는 힘들고 부질없는 것처럼 보일 수도 있지만 우리 곁의 야생동물을 알아가는 일은 이 시대를 살아가는 야생동물 다큐멘터리스트(자연 다큐멘터리 프로듀서)의 숙명인지도 모른다. 그저 스쳐 지나가기만 해도 인연이라는데 수리부엉이와 함께 지냈던 3년간의 지난한 과정을 자세히 이야기하는 것도 그리 나쁠 것 같지 않다. 야생동물을 연구하거나 자연 다큐멘터리를 제작하기를 희망하는 사람들뿐만 아니라 자연에 대해 잘 모르는 사람이라도 괜찮다. 다만 한 인간이 모르고 있던 동물을 알아가는 과정을 간접적으로나마 전해듣는 것이 우리 곁의 동물을 알아가는 데 도움이 될 수 있기를 바란다. 필자가 왜 수리부엉이에 대해 고민하게 되었는지부터 이야기를 시작해 제작과정, 그리고 그 뒷얘기를 하고자 한다.

⁝ 왜 3년 동안 '수리부엉이'를 제작했는가 ⁝

우리나라 사람이라면 누구나 어릴 때부터 가져왔던 막연한 두려움이 있다. 그 하나는 한반도 야생의 지존 '호랑이'이고, 다른 하나는 밤의 제왕 '수리부엉이'다. 호랑이는 이미 한반도 남쪽의 야생에서 사라져버렸고, 시베리아에나 가야 겨우 그 살아 있는 숨결을 엿볼 수 있다. 조선총독부는 사람과 가축에 피해를 입히는 해로운 짐승을 없앤다는 '해수구제害獸驅除'의 원칙을 내세워 야생동물을 마구잡이로 포획했다. 그 결과 호랑이는 호랑이에 대한 두려움과 함께 그 실체마저 사라져버렸다.

반면 어린아이도 낚아채간다는 수리부엉이 또한 한때 우리 곁에서 자취를 감추다시피 했다. 1960～1970년대에 전국적으로 쥐잡기를 한답시고 대량으로 그리고 동시적으로 쥐약을 살포했다. 계획적이고 통제된 쥐 박멸 작전은 결과적으로 파시즘적 '야생동물 학살작전'과 다르지 않았다. 쥐약을 먹고 비틀거리는 쥐는 여우, 삵, 수리부엉이 등 쥐를 주먹이로 하는 야생동물의 표적이 되었다. 수리부엉이도 2차 중독으로 인해 소리 한번 질러보지 못하고 개체수가 급감하고 말았다. 이러한 사실이 세상에 알려진 것은 세월이 한참 지난 후이다.

야생을 호령하던 두 거함 호랑이와 수리부엉이. 호랑이는 인간의 탐욕에 굴복하고 말았지만, 수리부엉이는 달랐다. 생존한 일부는 '소리 소문 없이' 야반도주해 은밀한 숲 속 절벽에 '수리부엉이 망명정부'(!)를 구성하고 살아남기 위해 몸부림쳤다. 어느 누구도 수리부엉이가 생존해 있을 것이라고 생각하지 않았다. 아니 수리부엉이에 대한 관심조차 없었다.

그러기를 약 30여 년. 수리부엉이는 영토를 하나 둘 확보하면서 밤의 제국을 복원할 만큼 강해졌고, 드디어 독립제국을 선포하기에 이르렀다. 이제 수리부엉이가 밤의 제왕으로 다시 등극하는 날을 축복하며, 수리부엉이가 진정한 밤의 제왕으로 등극했음을 자연의 이름으로 선포하고자 한다. 자연 다큐멘터리 〈밤의 제왕 수리부엉이〉는 인간의 무지에 대한 자기반성이며 다시는 그 어떤 생명도 멸종의 역사로 내몰지 말아야 한다는 다짐이기도 하다.

밤의 제왕 수리부엉이를 알현(!)하다

사실 수리부엉이에 대해 관심을 갖게 된 것은 사소한 데서 출발했다. 자연 다큐멘터리 〈고라니의 사랑〉2006년 3월 3일 방영을 제작하던 중에 고라니 새끼를 사냥할 수 있는 동물로는 무엇이 있을까 하는 궁금증에서 수리부엉이를 찾아나서게 된 것이다. 우리나라에서 고라니 새끼를 사냥할 수 있는 동물은 삵과 너구리 정도이다. 그런데 포유동물인 고라니를 날아다니는 조류가 사냥하는 경우는 없을까 하는 상상을 해보았다. 네발 달린 짐승을 날개로 제압한다! 상상만으로도 그럴듯한 그림이었다.

상상은 언뜻 보기에 터무니없는 것 같지만 현실이 되는 경우가 많다. 여러 문헌을 뒤져보고 수소문해본 결과, 의외의 결론을 얻을 수 있었다. '고라니 새끼 크기 정도의 동물은 수리부엉이에게 밥이다.' 사실 수리부엉이가 닭을 채가고 토끼를 사냥한다면 그것은 힘든 일이 아닐 것이다. 그러나 본 사람은 아무도 없다. 그저 미루어 생각할 뿐이다. 그때부터 수리부엉이에 대해 자료를 수집하고 관찰하며 알아가는 작업이 시작되었다.

왼쪽 위 | 소형카메라를 설치하는 필자.
오른쪽 위 | 소형카메라를 위장해 설치한 모습.
왼쪽 아래 | 바위절벽에서 수리부엉이 둥지를 확인한 필자.
오른쪽 아래 | 한겨울에 번식하는 수리부엉이의 생태 주기에 맞춰 촬영은 겨우내 이어졌다.

야생에서 가능한 일이라면 관찰을 통해 확인하는 것뿐이다. 보통 자연 다큐멘터리 제작 기간은 1년 정도이지만 더 긴 기간을 설정했다. 최소한 1년 정도는 시간이 나는 대로 관찰하고 촬영하기로 마음을 먹었다. 그리고 수리부엉이에 대해 충분히 알고 난 다음에 본격적인 촬영을 하기로 계획을 세웠다.

수리부엉이를 처음으로 야생에서 직접 만난 곳은 강화도의 한 마을이었다. 2, 30년 전에 둥지를 튼 적이 있었다는 소식을 듣고 그곳에 올라가 보았다. 안내를 받아 접근하자 갑자기 양탄자가 날아가듯 엄청난 날갯짓을 하며 나는 뭔가가 보였다. 말로만 듣던 수리부엉이였다. 사실 필자는 어릴 때 수리부엉이 울음소리만 들어도 무서워할 만큼 겁쟁이였다. 마을 어딘가에 수리부엉이가 살고 있다는 얘기는 들었지만 그 둥지에 올라가본 적은 없다. 올해로 자연 다큐멘터리를 제작한 지 어언 14년째지만, 이때까지만 해도 야생에서 수리부엉이를 본 적은 없었다. 그래서 그날의 기쁨은 맘에 드는 연인을 만났을 때의 '가슴 콩닥거림'과 같은 그런 것이었다.

수리부엉이가 날아가고 없는 둥지에는 오리 알보다 조금 더 큰 흰색 알 두 개가 남아 있었다. 그게 2005년 2월 초였다. 이렇게 해서 수리부엉이를 기록하기 위한 첫발을 내딛게 되었다.

그 후 틈나는 대로 관찰하며 수리부엉이의 행동을 하나 둘 기록하기 시작했다. 그러나 수리부엉이는 호락호락하지 않았다. 내가 접근하는 것을 쉽게 허락하지 않았다. 마을 뒷산 바위지대에 살면서 사람과 접촉이 별로 없었던 탓일까? 둥지가 있는 산의 초입에만 들어가도 수컷이 '부엉~부엉~' 울어댔다. 낯선 자에 대한 경계는 의외로 강했다. 앞으로 '수리부엉이 제작진'

전기가 없는 지역에서는 전기시설이나 특수조명이 필수적이었다.

이 겪을 시련의 징조이기도 했다.

그 후 시화호 쪽에서 둥지 한 곳을 더 찾았다. 수리부엉이 부부는 새끼를 키우고 있었다. 그런데 이곳의 문제는 조명이었다. 5킬로와트의 발전기를 돌려 밝혀보았지만 어림도 없었다. 정상적인 화질을 얻을 수 없었던 것이다. 수리부엉이가 사는 절벽을 다 비추려면 최소한 10킬로와트의 조명이 필요했다. 그래서 2007년에 본격 촬영에 들어가기 앞서 별도의 전기시설을 준비해야 했다.

⁝ 수리부엉이 제국의 비밀 열쇠를 얻다 ⁝

고요한 밤에는 작은 움직임조차도 크게 들린다. 이런 상황에서 사냥에 성공하기 위해서는 어떤 소리도 내지 않는 것이 일차적 관건이다. 살금살금 접근해 쥐도 새도 모르게 잡아채는 자만이 최고의 사냥꾼이 될 수 있다.

수리부엉이는 올빼미과 새 중에서 가장 클 뿐 아니라 우리나라에 사는 야행성 맹금류 중에서도 가장 크다고 할 수 있다. 이런 큰 덩치로 살금살금 접근한다는 것은 방울을 달고 소리를 내지 말라는 것과 같다. 수리부엉이가 제왕이 되느냐 되지 않느냐의 관건은 이 문제를 어떻게 푸느냐에 달려 있다.

수리부엉이는 진화 과정에서 솔로몬의 지혜를 찾아냈다. 뛰어난 시력과 청각으로 먹잇감을 포착하고 먹잇감에 들키지 않게 뒷덜미를 낚아채는 비법. 게다가 날카롭고 강력한 발톱과 부리는 금상첨화이다. 이런 것들이 수리부엉이가 밤의 야생을 지배할 수 있었던 이유였다. 야생의 어느 누구도 풀어내지 못했고 흉내 내지 못한 거대한 비밀……. 그 비밀을 밝혀낸 것은 가슴 떨리는 일이었다.

그런데 수리부엉이의 사냥의 비밀을 알고도 어떻게 표현할 것인가의 문제가 남아 있었다. 수리부엉이가 사냥할 때 비행속도는 시속 약 20킬로미터 정도 된다. 이는 필자가 촬영된 화면을 가지고 사냥 출발점과 도착점을 측정한 다음, 직접 계산해 얻은 값이다. 조건에 따라 다르긴 하지만 일반적인 사냥속도라고 보면 된다. 매는 사냥할 때 순간속도 '시속 300킬로미터'로 날아가는 사냥감을 낚아챈다고 한다. 한마디로 '속도의 예술'을 구사한다. 하지만 수리부엉이는 그 빠름의 속도를 포기했다. 밤의 상황에 맞게 자신을

위 | 와이어캠. 수리부엉이가 사냥할 때 먹잇감을 향해 돌진하는 모습을 표현하기 위해 줄에 카메라를 달아서 촬영했다.
아래 | 헬리캠. 원격조종 헬리콥터에 카메라를 장착해 수리부엉이의 눈으로 바라본 세상을 표현했다.

진화시킨 수리부엉이의 사냥술은 시속 20킬로미터의 느린 속도로 은밀하게 접근하는 '느림의 예술'이다. 빠른 것이 항상 좋은 것은 아니다. 느림이야말로 밤이 요구하는 미덕이다. 수리부엉이는 그 느림을 바탕으로 밤의 세계를 지배하게 된 것이다.

수리부엉이가 사냥하는 장면은 이번 프로그램에서 아주 중요했다. 단순히 앞뒤 신scene을 연결하는 장면의 역할이 아니라 프로그램 전체를 이끌어가는 매개역할을 했다. 수리부엉이가 밤의 제왕으로서 어떻게 사냥하는지를 사실감 있게 그리고 강렬한 모습 그대로 보여주고 싶었다. 그래서 지금까지와는 다른 촬영이 필요했다.

그동안 우리가 TV를 통해 보아왔던 사냥 장면은 그것이 수리부엉이든 다른 맹금류든 일정한 한계가 있었다. 먹이 앞에 설치한 카메라 앞에서 사냥꾼은 움직임을 멈추거나 이상한 반응을 보인다. 왜 그런지는 다들 짐작할 것이다. 과연 실제의 사냥 모습도 그럴까? 이번 프로그램에서는 바로 이러한 한계를 극복하고 제대로 된 사냥 장면을 보여주고자 했다.

첫 결과물이 나오기까지에는 2년이라는 세월이 필요했다. 정면에서 수리부엉이가 다가와서 먹잇감을 낚아챈 다음, 카메라 위로 날아가는 장면을 처음으로 촬영한 날은 필자를 비롯한 '수리부엉이' 제작진에게 축제의 날이었다. 금방이라도 필자에게 달려들듯한 영상은 밤의 제왕 수리부엉이의 이미지를 극대화하기에 충분했다. 쥐와 같은 작은 동물을 사냥할 때 수리부엉이의 기본 사냥법은 사냥감을 낚아채 오르는 것임을 알 수 있었다. 토끼의 크기가 작을 때도 동일한 사냥법이 적용된다. 지금까지 많은 프로그램에서 보여준 맹금류의 사냥 모습은 대부분 야생에서 존재하지 않는 것임을 알 수 있었고, 또한 이것을 반성하는 시간이기도 했다.

우리는 수리부엉이가 사냥하는 순간을 표현하기 위해서 초고속 카메라로 촬영할 계획을 세웠다. 물론 프로그램 기획 단계부터 염두에 두었던 촬영이었다. 그런데 수리부엉이의 사냥속도가 아무리 느리다 하더라도 밤이라는 특수한 상황에서 초고속 촬영을 하기에는 20킬로미터가 만만한 속도는 아니었다. 화각이 제한적이기 때문에 일반 카메라로 사냥 순간을 정밀하게 촬영한다는 것, 더구나 미세한 움직임을 포착하는 것은 불가능하다. 움직임이 빠르면 그림이 뭉개지는 현상이 생기기 때문이다. 초당 500장에서 1,000장 정도만 촬영할 수 있다면 사냥 순간의 깃털의 미세한 움직임, 즉 털, 발, 눈 등의 움직임 등을 선명하게 볼 수 있으리라.

하지만 야생에 접근하는 과정에는 언제나 어려운 문제가 뒤따른다. 초고속 촬영을 위해 밝은 조명을 비추었을 때 수리부엉이가 사냥을 할 것인가? 필자가 풀어야 할 최고의 난제였다. 약한 조명을 주면 선명한 영상을 얻을 수 없어 초고속 촬영을 하는 의미가 없다. 그러나 강한 조명을 비추어 수리부엉이가 사냥을 하지 않는다면, 이 또한 아무런 의미가 없다. 어떻게 해야 할 것인가의 고민은 계속 반복됐다.

실제로 초고속 촬영을 위해 무려 3개월 동안 무수한 시도를 해야만 했다. 여러 조건을 뚫고 수리부엉이 제국의 문으로 들어섰을 때 그 감격을 어찌 말로 표현할 수 있으랴. 생생히 살아 움직이는 깃털의 떨림, 사냥감을 잡아채기 일보 직전에 내뻗는 발, 먹이를 움켜쥐면서 눈을 감는 모습, 낚아채 갈 때 튀기는 흙 등등. 수리부엉이의 사냥은 한마디로 예술 그 자체였다.

수리부엉이의 사냥 순간을 포착한 제작진은 새로운 사실을 밝혀내기 위

해 동분서주했다. 국내에는 수리부엉이 관련 자료가 부족해 외국의 자료를 많이 뒤졌다. 몸길이 70센티미터, 날개를 펼치면 1.5미터에서 최대 2미터까지 이르는 수리부엉이는 몸무게만 3~4킬로그램에 달하는 육중한 사냥꾼이다. 이런 몸으로 작은 움직임조차 크게 들리는 밤에 사냥을 잘할 수 있는 비밀은 무엇일까?

우리는 그 비밀의 단서를 깃털에서 찾았다. 수리부엉이가 상대적으로 느리게 사냥하지만 밤의 제왕이 될 수 있는 비밀은 '소리를 내지 않고 은밀하게 접근하여 먹잇감을 포착하는 능력'에 있다. 이러한 사실은 깃털을 초접사 렌즈로 촬영함으로써 확인할 수 있었다.

수리부엉이의 몸은 바람에 부딪쳐 생기는 마찰음을 막기 위해 발톱을 제

왼쪽 | 사냥의 찰나를 포착하기 위해 초고속 촬영을 준비하는 필자.

오른쪽 | 초고속 촬영 방송 장면.

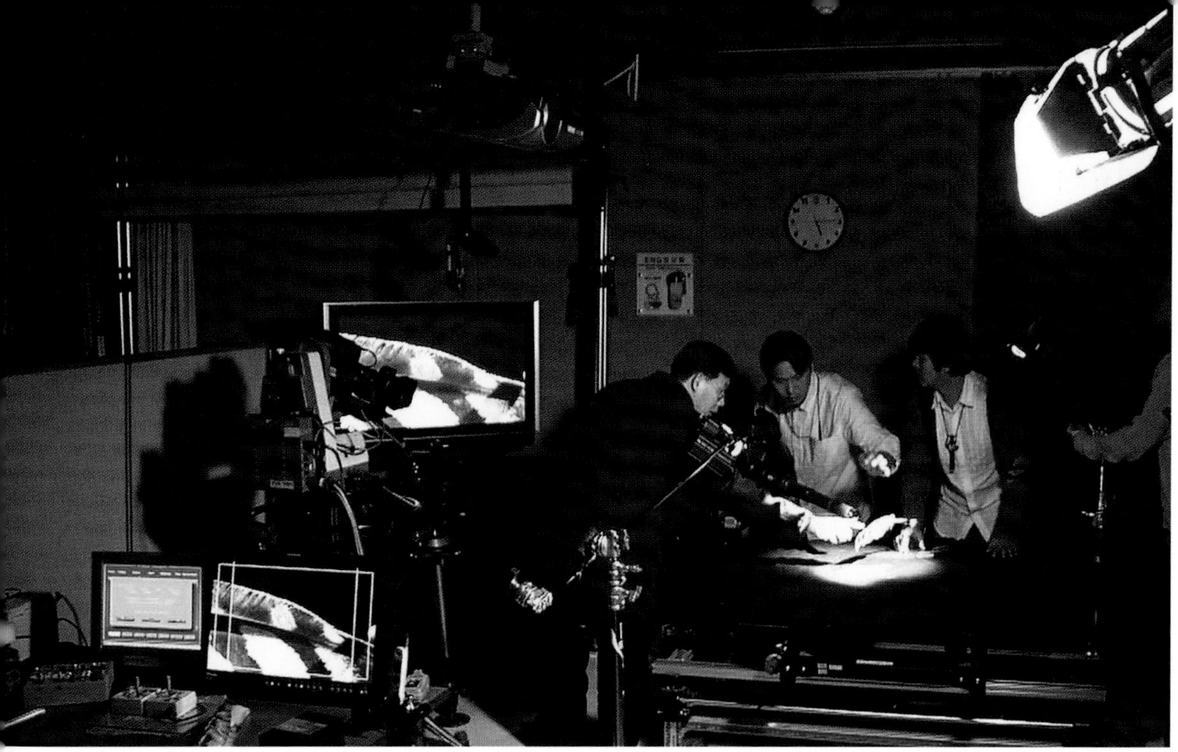

수리부엉이 깃털 초접사 촬영 모습.

외한 온몸이 풍성한 털로 뒤덮여 있고, 깃의 표면 또한 융단처럼 부드럽게 되어 있어 강한 바람 속에서도 소리를 흡수할 수 있도록 되어 있다. 게다가 날개깃의 끝은 빗 모양으로 돼 있어 비행시에 꼬리 쪽에 일어나는 와류현상(소용돌이)을 막아준다. 그래서 수리부엉이는 소리 소문 없이 먹잇감을 낚아챌 수 있는 것이다.

야생의 생태를 다루는 데 있어서 번식 장면, 그중에서도 교미 촬영은 필수조건이다. 그 자체는 대단한 것이 아니지만 생활사를 다루려면 반드시 필요한 장면이기 때문이다. 하지만 야간에 교미 장면을 촬영하는 것이 쉬운 작업은 아니다. 언제 어디서 교미를 할지 전혀 예상할 수 없기 때문이다. 또한 교미 장면을 발견하더라도 촬영하려고 하면 이미 상황 끝이 되기 십상이다.

그래서 '수리부엉이' 제작진은 특수한 것(!)을 갖춰야 했다. 수리부엉이와 같은 좋은 시력(어둠 속에서 실루엣으로라도 상황을 읽어야 한다)과 휴대용 조명(충전가능하고 일정한 밝기 이상의 빛을 멀리까지 보내야 한다)이다. 전자의 경우는 눈이 빠져라 어둠에 적응시켜 가능해졌고, 조명은 여러 가지 테스트를 통해 자체 개발했다.

더 중요했던 것은 긴 제작 기간이었다. 준비 기간을 길게 갖는다는 것은 모든 과정을 미리 대비할 수 있다는 장점이 있다. 물론 회사 측에서 3년의 제작 기간을 보장해준 것은 아니다. 다른 프로그램을 하면서 틈틈이 시간을 활용했을 뿐이다. 본격적인 촬영에 들어갔을 때는 2년 동안 충분한 관찰을 한 이후였기 때문에 언제 교미를 할 것인지 사전 정보를 가질 수 있었다. 남은 것은 촬영하는 것뿐…….

아니나 다를까 1월 교미철에 수리부엉이는 교미 징조를 많이 보여주었다. '구구구' 소리를 내며 서로 뽀뽀를 하기도 하고, 밤새도록 구애의 소리를 냈다. 1월의 어느 날 밤……. 수컷이 육중한 몸으로 날아서 암컷 등에 올라타는 장면은 밤의 제국이 보여주는 또 다른 묘미였다. 가장 어려울 것이라고 예상했던 교미 장면을 확보하자 한 번 더 촬영하고 싶은 욕심도 생겼다.

그런데 신기한 일이 벌어졌다. 암컷이 알을 품고 있는 기간에도 교미가 이루어진 것이다. 심지어 새끼가 알에서 깨어났는데도 수리부엉이 암수는 사랑을 나누었다. 일반적으로 동물들은 수정이 이루어지고 나면 교미를 하지 않는다. 그러면 수리부엉이는 왜 이 시기까지 교미를 하는 것일까? 외국의 자료를 어렵사리 찾아 연구한 결과, 새로운 사실을 확인할 수 있었다. 수리부엉이는 한번 부부의 인연을 맺으면 평생 함께 지낸다. 수리부엉이가 번식을 전후해 약 5~6개월간 교미를 하는 것은 '부부관계'의 유지 · 강화를 도모하기 위해서이다. 사냥을 위해 오랫동안 둥지를 비워야 하는 수컷은 암컷이 바람을 피우는 것을 막을 필요가 있다. 즉 지속적으로 교미를 함으로써 자신의 유전자를 간직한 새끼를 잘 키워내도록 유도하는 것이다.

그리고 알을 품고 새끼를 키우는 암컷 입장에서도 둥지의 새끼가 수컷 자신의 새끼임을 각인시켜 수컷이 먹이를 잘 사냥해오도록 유도하기 위해 수정 이외의 정기적인 교미를 하는 것으로 밝혀졌다. 이 같은 지속적인 교미는 결국 수리부엉이의 번식 전략으로 이해할 수 있다. 이러한 사실은 국내에서 처음 확인된 것으로서 《한국환경생태학회지 2008년 2월호》에 논문으로 보고했다. 또한 '수리부엉이 어미는 새끼가 죽으면 에너지 재순환을 위해 직접 새끼를 먹는다' 는 사실도 처음으로 확인해 보고할 수 있었다.

자연관찰은 그 어떤 이론서보다 훌륭한 가르침을 준다. 이러한 과학적 성과를 거둘 수 있었던 것은 장기간의 제작을 통해 수리부엉이를 충분히 관찰했기에 가능한 일이었다. 이는 앞으로의 자연 다큐멘터리가 나아가야 할 방향이 무엇인지 시사해주는 대목이 아닌가 생각된다. 조류학자들에게 의존하던 방식에서 탈피해 프로듀서 스스로 관찰 · 탐구한다면 새로운 차원의 프로그램을 제작할 수 있을 것이다. 그것이 바로 '과학적 자연 다큐멘터리' 이고 앞으로 자연 다큐멘터리가 지향해야 할 방향이기도 하다.

⋮ '수리부엉이족' 이 되다 ⋮

수리부엉이를 촬영하기 위해 수리부엉이 제국으로 들어간다는 것은 수리부엉이의 일원이 되어 수리부엉이처럼 생활해야 한다는 것을 의미한다. 수리부엉이는 해가 지면 활동을 시작해 해가 뜨면 잠자리에 들어가므로 제작진 또한 해가 지기 세 시간 전에 촬영 준비를 해 동이 트고 두 시간이 지난 다음에 모든 작업을 종료했다. 수리부엉이의 일거수일투족을 모두 담아내기 위해서는 수리부엉이보다 더 일찍 움직이고 더 늦게까지 촬영해야 했다.

낮에 비실거리다가도 밤이 되면 눈이 말똥말똥해지며 생기를 되찾는 야행성의 사람을 두고 '올빼미족'이라고 부른다. 올빼미과 새 중에서 가장 큰 새는 수리부엉이다. 그런 의미에서 진정한 야행성은 올빼미족보다는 '수리부엉이족'으로 불러야 하지 않을까?

필자는 '수리부엉이족'이 되어 3년 동안 그 제국의 모든 행동과 원리(교미와 번식, 사냥, 독립과정 등)를 40분 분량의 HD 방송용 테이프 약 500개에 생생하게 담아냈다. 그러나 야생의 수리부엉이보다 더 충실한 수리부엉이족이 된다는 것은 인간적인 인내를 요했다. 지금 생각해도 초인에 가까운 체력으로, 일주일에 4~5일간 연중 밤을 샜다. 그렇다고 낮에 충분한 수면을 취할 수 있는 것도 아니었다. 낮에도 촬영해야 할 일이 많기 때문이다. 처음에는 긴장이 되어 졸음 자체를 모르다가 나중에는 잠시 짬이 생기면 흙바닥에 주저앉아 잠을 청하던 경우도 있었다.

수리부엉이는 그 어떤 요소보다 소리에 민감하다. 그래서 스태프의 수를 최소한으로 유지해야 했다. 운전도 제작 스태프들이 번갈아 했다. 지친 몸으로 운전까지 한다는 것은 정말이지 고역이다. 체력적인 한계까지 느꼈지만 정상적인 제작을 위해서는 어쩔 수 없는 노릇이었다.

제작 면에서, HD ENG 카메라를 잘만 활용하면 야간에도 좋은 영상을 얻을 수 있다는 얘기를 꼭 덧붙이고 싶다. 과거에는 적외선 렌즈를 이용해 야간의 모습을 표현했지만 상황에 따라 저속 셔터low shutter 기능(보통 1초의 화면은 30프레임으로 구성돼 있으나, 저속 셔터에서는 초당 16~18프레임으로 촬영할 수 있다. 저속 셔터는 셔터 속도가 느리기 때문에 빛을 덜 필요로 한다. 따라서 어두운 밤에도 촬영이 가능하다)을 활용할 필요가 있다. '수리부엉이' 프로그램 내에서도 다양한 저속 셔터 기능을 활용해 야간의 전경, 야간미속(정상적인 촬영에서는 야간에 구름 이동과 같은 모습을 자세히 표현할 수 없다. 하지만 저속 셔터 기능을 활용해 2~3초에 한 프레임씩 촬영하면 빠르게 움직이는 모습을 보여줄 수 있다) 등을 촬영할 수 있었다.

제작진은 여러 조건의 수리부엉이를 관찰함으로써 수리부엉이의 참모습을 담아냈다. 실제로 3년에 걸쳐 다섯 지역, 아홉 곳의 둥지를 관찰 · 촬영했다. 혹자는 한 곳의 수리부엉이 둥지를 관찰하지 않고 여러 둥지를 촬영한 것에 대해 못마땅해했다. 필자는 그 지적이 완전히 틀렸다고 생각하지는 않지만 동의하지도 않는다. 수리부엉이의 행동을 좀더 많이 살펴보기 위해서는 한 곳의 둥지만으로 충분하지 않기 때문이다. 사람이 각기 다른 모습과 성품을 지녔듯이 수리부엉이도 생김새, 우는 모습, 경계 정도 등이 다르다. 각기 개성이 있는 것이다. 따라서 특정 지역의 수리부엉이만 관찰했다면 장기간의 교미행동, 걸어서 둥지 떠나기, 죽은 새끼를 먹는 어미, 까치와의 갈등 등 다양한 행동을 볼 수 없었을 것이다.

이제 야생동물을 대할 때 일반적인 선입견을 버릴 필요가 있다. 새끼가 어느 정도 성장한 다음에도 수리부엉이가 교미를 한다는 사실이 그렇다. 어떤 분들은 수리부엉이가 야행성이기 때문에 조명을 비추면 스트레스를 받는

위 | 필자.
중간 왼쪽 | 김승민 촬영감독.
중간 오른쪽 | 한태훈 촬영보.
아래 왼쪽 | 텐트에서 둥지를 관찰하는 필자.
아래 오른쪽 | 아침 수리부엉이 울음소리는 제작진을 깨운다.

sachtler

다고 걱정하기도 했다. 하지만 다른 측면에서 보면 이런 시선이 우리가 야생동물에 대해 아는 것이 많지 않다는 점을 반증하는 것은 아닐까? 물론 모든 촬영이 자연에 대한 직간접적 간섭을 하지 않는다고는 단언할 수 없다. 하지만 수리부엉이는 빛을 조절하는 능력을 가지고 있다. 즉 눈동자를 굴리지 못하는 대신 동공을 축소하거나 확대할 수 있다. 어두우면 동공을 확대하고, 밝으면 동공을 축소한다. 일정한 범위 안에서 빛의 양을 자유자재로 조절하는 것이다.

영원한 밤의 제국을 위하여

별빛 정도의 밝기에서도 사물을 식별할 수 있는 뛰어난 시력, 고개를 270도까지 돌릴 수 있는 유연성, 작은 움직임조차 감지해내는 청력 등 다양한 사냥 무기를 장착한 수리부엉이는 야생의 밤을 지배할 수밖에 없는 타고난 제왕이라는 생각이 든다. 어쩌면 수리부엉이가 조용한 밤의 세계에서 살아남아 밤의 지배자가 될 수 있었던 것도 야생에 적응하기 위해 진화 과정에서 일궈낸, 부단한 노력의 결과물은 아닐까.

수리부엉이는 세간의 관심 덕분에 높은 시청률(AGB 닐슨 미디어 집계 15.6퍼센트)을 기록하고, 누리꾼 사이에서 화제가 되기도 했다. 어떤 사람은 부부의 문제로 수리부엉이를 보기도 하고, 어떤 분들은 죽은 새끼를 먹는 행동에서 삶과 죽음이 순환하는 자연의 원리를 배웠다고 했다. 또 다른 분들은 화면 뒤에 숨어 있는 제작진의 노고에 박수를 보내기도 했다. 〈밤의 제왕 수리부엉이〉는 각자의 입장에서 다양하게 수용되고 있었다. 자연 다큐멘터리를 만드는 프로듀서 입장에서 이보다 더 좋은 일이 있을까? 자연의 경이로움에 대한 감탄 외에 사람들에게 그 어떤 느낌을 준다는 것, 필자는 이것을 가장 소중하게 생각한다. 그 점에선 뿌듯함마저 느낀다. 어쩌면 이런 감동 때문에 새로운 시도를 하고 다른 사람이 보지 않는 곳에 시선을 두려는 노력을 하는 건지 모르겠다.

수리부엉이를 만난 지 3년이 지난 지금에 와서야 비로소 수리부엉이 각각의 모습을 보고 구별할 정도가 되었으니 진정한 '수리부엉이족'이 되었다 해도 될까? 수리부엉이가 인정해줄지는 모르겠지만……. 야생의 밤을 지배하는 수리부엉이 제국의 영원한 번성을 기원한다.

한국방송 81년 특별기획 '자연 다큐멘터리-밤의 제왕 수리부엉이'

: 자연 다큐멘터리 '밤의 제왕 수리부엉이' | 글 · 연출 신동만, 촬영 김승민 :

방송일시 | 2008년 3월 5일(수) 22:00 (KBS1TV)

: '밤의 제왕 수리부엉이' 3년간의 기록 | 글 박소희, 연출 나 영, 촬영 최기하 :

방송일시 | 2008년 3월 12일(수) 22:00 (KBS1TV)

: 제작스태프 :

책임프로듀서	이장종
프로듀서	조인석
생태자문	백운기 박사(국립중앙과학관) 최창용(국립공원관리공단 철새연구센터)
도움 주신 분들	최종인 신현칠 정다미 김은중 최돈홍 윤상호 손상호 추무용
종합편집감독	홍진석
그래픽 디자인	김성태
NLE	최응모
특수영상	오영민
컬러리스트	박준균
CG	황은서
촬영감독	김승민
촬영보	한태훈
항공촬영	김송걸 김성운 이태수 채형원
헬리캠 촬영	장찬환(승진모형)
조명감독	김종수 윤상륜
발전차	정동길
촬영협조	문화재청(천연기념물센터) 파주시청 · 안산시청 · 화성시청 · 충주시청 · 군산시청 한국조류보호협회 김포지회 한국수자원공사 군산금강철새조망대 · 한국환경생태연구소 · (주)코비스
사운드 마스터	성지연
내레이션	김도현
음악감독	한문휘
작곡	배희재
효과감독	최경상
효과	노동걸 김기평
행정	윤현아
자료조사	송혜정 강혜영
조연출	임호진 양정욱
글 · 연출	신동만

참고문헌

- 유정칠 (2003), 『올빼미』, 웅진닷컴.
- 윤무부 (2008), 『새』, 교학사.
- 이우신, 구태회, 박진영 (2000), 『한국의 새』, LG상록재단.
- Birkhead, T. R. and Møller, A. P. (1992), *Sperm Competition in Birds: Evolutionary Causes and Consequences*, Academic Press, London, 282pp.
- Birkhead, T. R., Atkin, L. and Møller, A. P. (1987), 'Copulation Behaviour of Birds', *Behaviour 101*: 101-138.
- Cochet, G. (2006), *Le grand-duc d'Europe*, Delachaux et Niestlé, Paris, 207pp.
- Duncan, J. R. (2003), *Owls of the World: Their Lives, Behavior and Survival*, Firefly Books, New York, 320pp.
- Møller, A. P. (1987), 'Copulation Behaviour in the Goshawk, Accipiter gentilis', *Animal Behavior 35*: 755-763.
- Konig, C., Becking, J. and Weick F. (1999), *Owls: a guide to the owls of the world*, Yale University Press, New York, 462pp.
- Newton, I. (1979), *Population Ecology of Raptors*, Buteo Books,

Vermillion, S. D., 399pp.

- Penteriani, V. (2002), 'Variation in the function of Eagle Owl vocal behavior: territorial defence and intra-pair communication?', *Ethology Ecology & Evolution 14*: 275-281.
- Word Owl Trust(www.owls.org)
- www.countrysideinfo.co.uk
- www.newton.dep.anl.gov

ㅇ|

ㅈ|

ㅊ|

ㅋ|

ㅌ|

ㅍ|

ㅎ|

기타|

밤의 제왕 수리부엉이

1판 1쇄 펴냄 2009년 1월 14일
1판 3쇄 펴냄 2010년 11월 15일

지은이 신동만

주간 김현숙
편집 변효현, 김주희
디자인 이현정, 전미혜
영업 백국현, 도진호
관리 김옥연

펴낸곳 궁리출판
펴낸이 이갑수

등록 1999. 3. 29. 제300-2004-162호
주소 110-043 서울시 종로구 통인동 31-4 우남빌딩 2층
전화 02-734-6591~3
팩스 02-734-6554
E-mail kungree@kungree.com
홈페이지 www.kungree.com

ISBN 978-89-5820-147-2 03490

값 20,000원